实用岩土工程施工新技术（2023）

雷　斌　郑　磊　许建瑞　王振威　林桂森　周明佳　著

U0195714

中国建筑工业出版社

图书在版编目（CIP）数据

实用岩土工程施工新技术. 2023/雷斌等著. —北京：中国建筑工业出版社，2022.12 （2024.1 重印）
ISBN 978-7-112-28159-6

Ⅰ. ①实… Ⅱ. ①雷… Ⅲ. ①岩土工程-工程施工 Ⅳ. ①TU4

中国版本图书馆 CIP 数据核字（2022）第 213047 号

本书主要介绍岩土工程实践中应用的创新技术，对每一项新技术从背景现状、工艺特点、工艺原理、适用范围、工艺流程、操作要点、设备配套、质量控制、安全措施等方面予以全面综合阐述。全书共分为 8 章，包括灌注桩施工新技术、全套管全回转灌注桩施工新技术、基坑支护施工新技术、逆作法结构柱定位施工新技术、软土地基处理施工新技术、灌注桩孔内事故处理新技术、灌注桩检测新技术、绿色施工新技术。

本书适合从事岩土工程设计、施工、科研、管理人员学习参考。

责任编辑：杨 允 李静伟
责任校对：李美娜

实用岩土工程施工新技术 （2023）

雷 斌 郑 磊 许建瑞 王振威 林桂森 周明佳 著
*
中国建筑工业出版社出版、发行（北京海淀三里河路 9 号）
各地新华书店、建筑书店经销
霸州市顺浩图文科技发展有限公司制版
北京凌奇印刷有限责任公司印刷
*
开本：787 毫米×1092 毫米 1/16 印张：17½ 字数：431 千字
2022 年 12 月第一版 2024 年 1 月第二次印刷
定价：**70.00** 元
ISBN 978-7-112-28159-6
（39742）

前　言

《实用岩土工程施工新技术》系列丛书自 2018 年 6 月首次发行以来，已陆续出版 5 部，这归结于雷斌创新工作室团队对岩土工程专业的情怀和对岩土事业的热爱，得益于深圳工勘集团对科研创新工作的高度重视和大力支持。

雷斌创新工作室通过积聚企业专业技术力量，将工作室小牌子搭建成全公司的科研大舞台，充分发挥集团在人才培养、技术攻关、成果转化、提质增效等方面的平台引领效应，有效激发出广大技术人员的创新热情和创新活力，促进公司科技创新的良性发展。创新工作室始终坚持从工程施工实际出发，边做项目、边搞科研，边创新探索、边应用实践，紧紧围绕关键技术难题、质量通病进行攻关，针对安全生产、绿色环保、智能建造等领域进行深入研发，瞄准前沿施工工艺和技术，持续开展科研创新，突破了众多关键核心技术，取得了大量国内领先科研成果，有效推动了岩土施工技术进步。

2021—2022 年，创新工作室共立项科研课题 78 项、完成 56 项，现将完成的系列成果汇编为《实用岩土工程施工新技术（2023）》。本书在 2022 年发行，彰显创新工作室团队只争朝夕的实干精神、雷厉风行的创新效率和脚踏实地的工作态度，我们将继续探索，进一步发挥工作室示范引领、集智创新、协同攻关、传承技能、培育人才的作用，加快创新成果转化，培养造就更多高技能人才和工匠，为工勘集团立足新发展阶段、贯彻新发展理念、构建新发展格局、推动高质量发展做出努力。

本书共包括 8 章，每章的每一节均涉及一项岩土施工新技术，每节从背景现状、工艺特点、适用范围、工艺原理、工艺流程、工序操作要点、设备配套、质量控制、安全措施等方面予以综合阐述。第 1 章介绍灌注桩施工新技术，包括大直径灌注桩硬岩旋挖导向分级扩孔、灌注桩多功能回转钻机接驳安放深长护筒、大直径旋挖灌注桩硬岩阵列取芯分序钻进、深厚填石层灌注桩旋挖挡石钻头成孔等技术；第 2 章介绍全套管全回转灌注桩施工新技术，包括复杂条件下深长嵌岩桩全回转与 RCD 组合钻进成桩、岩溶发育区灌注桩全回转成桩综合施工等技术；第 3 章介绍基坑支护施工新技术，包括地下管涵基坑逆作法开挖支护与管线保护施工技术、填石边坡桩板墙高位锚索栈桥平台双套管钻进成锚等施工技术；第 4 章介绍逆作法结构柱定位施工新技术，包括逆作法钢管柱后插法钢套管与千斤顶组合定位、逆作法"旋挖＋全回转"钢管柱后插法定位施工技术、基坑钢管结构柱定位环板后插定位等施工技术；第 5 章介绍软土地基处理施工新技术，包括填石层潜孔锤与旋喷钻喷一体化成桩地基处理、树根桩顶驱跟管钻进劈裂注浆成桩施工技术、树根桩高压注浆钢管螺栓装配式封孔等施工技术；第6章介绍灌注桩孔内事故处理新技术，包括旋挖桩孔内掉钻螺杆机械手打捞施工技术、既有缺陷灌注桩水磨钻"桩中桩"处理等技术；第7章介绍灌注桩检测新技术，包括灌注桩竖向抗拔静载试验反力钢盘快速连接、基坑逆作法灌注桩声测管多边形钢笼架提升安装等施工技术；第8章介绍绿色施工新技术，包括旋挖钻进出渣降噪绿色施工及基坑土洗滤、压榨、制砖综合利用绿色施工等技术。

《实用岩土工程施工新技术》系列图书出版以来，得到了广大岩土工程技术人员的支持和厚爱，感谢关心、支持本书的所有新老朋友！限于作者的水平和能力，书中不足在所难免，将以感激的心情诚恳接受朋友们的批评和建议。

雷　斌

2022年8月于深圳工勘大厦

4

目　录

第1章　灌注桩施工新技术

1.1　大直径灌注桩硬岩旋挖导向分级扩孔技术

1.1.1　引言

大直径灌注桩钻进遇中、微风化硬岩持力层时，通常采用分级扩孔钻进工艺，即以小直径旋挖钻头从桩孔中心处钻入，至桩底设计标高后再逐级扩大钻孔直径，直至钻进达到设计桩径。这种分级扩孔工艺将旋挖钻机的动力和扭矩最大限度地传递至旋挖钻头，可实现硬岩的快速钻进，已被广泛应用于旋挖硬岩钻进中。但当硬岩地层存在倾斜岩面或存在发育裂隙、破碎带时，采用分级扩孔钻进入岩的过程中，小直径钻头在孔内无侧向支撑，钻进时极易发生偏斜，钻孔纠偏难度大、耗时长，导致钻进效率低、增加施工成本，难以保证桩孔质量。

深汕特别合作区"深汕科技生态园 A 区（2 栋、3 栋、4 栋）施工总承包"工程，设计最大灌注桩桩径 φ2400mm，桩端持力层为中、微风化花岗岩，中风化岩裂隙发育、岩体较破碎，设计要求桩端入中风化岩 16m 或入微风化岩 0.5m，平均桩长 48m。现场采用宝峨 BG46 旋挖钻机进行灌注桩施工，入岩通过直径 1600mm、2000mm、2400mm 钻头分三级扩孔钻进，实际入岩成孔过程中，受中风化岩层裂隙发育、岩体破碎、强度不均的影响，在采用直径 1600mm 钻头钻进入岩时，由于钻头下入直径 2400mm 的空孔内，在钻具无侧向约束的条件下受破碎岩面的影响，入岩钻进时钻孔严重偏斜，而在下一级扩孔时由于前期偏孔造成分级钻进岩壁厚度不均，以至于进一步扩大钻孔垂直度偏差，导致桩孔无法满足质量要求。

为了解决大直径灌注桩硬岩旋挖分级扩孔钻进存在的上述问题，项目组在试验、优化的基础上，总结了一种大直径灌注桩硬岩旋挖导向分级扩孔施工技术，该工艺在首次入岩钻进时采用上扶正钻头施工先导孔，上扶正导向段直径与桩孔设计直径相同，为入岩开孔钻进提供有效的侧向支撑，以克服岩体破碎或倾斜岩面出现的偏孔问题；在后续分级扩孔时，采用下扶正旋挖导向钻头钻进，下扶正导向段直径保持与上一级入岩钻孔直径相同，下扶正为旋挖钻头在岩层中扩孔提供导向；在下一级扩孔中，持续采用下扶正扩孔钻头，直至完成硬岩段逐级扩孔。这种旋挖导向分级扩孔钻进的施工方法，通过在旋挖钻头上的上扶正、下扶正设置，有效保证了钻孔垂直度，达到硬岩钻进效率高、成孔质量好的效果。

1.1.2　工艺特点

1. 钻孔垂直度控制好

本工艺针对大直径灌注桩钻进岩体破碎或具有倾斜岩面的硬岩层，通过在旋挖钻头上增加上扶正、下扶正设置，进行导向逐级扩孔钻进，使钻头整体受到侧向约束，从而对硬岩中钻进的钻头进行精准定位，确保了钻孔垂直度。

2. 硬岩钻进效率高

本工艺采用上、下扶正钻头分级钻进，保证了桩孔垂直度，克服了岩体破碎或倾斜岩面导致的偏孔问题，避免了反复对偏斜钻孔的纠偏处理，大大提升了硬岩钻进工效。

3. 有效降低施工成本

采用本工艺进行岩层段导向逐级扩孔钻进，有效保证了钻孔垂直度，避免了偏位和斜孔处理的机械使用、人力投入和钻具损耗，降低了处理的施工成本，缩短了施工工期，综合经济效益显著。

1.1.3 适用范围

适用于桩径不小于 2000mm 的旋挖灌注桩和抗压强度超过 60MPa 且裂隙较发育的硬岩地层灌注桩分级扩孔施工。

1.1.4 工艺原理

本技术的工艺原理以"深汕科技生态园 A 区（2 栋、3 栋、4 栋）施工总承包"工程 ϕ2400mm 灌注桩硬岩钻进为例进行分析说明。

1. 上扶正钻头导向钻进

（1）上扶正钻头结构设计

上扶正钻头主要由上扶正导向和旋挖钻筒组成，两者通过钻杆相连。上扶正导向直径

图 1.1-1 上扶正钻头结构示意图

2400mm、长度 600mm，为短环状对中定位导向装置。下部旋挖牙轮钻筒直径 1600mm、长度 1500mm。上扶正钻头结构示意见图 1.1-1。

（2）上扶正导向钻进原理

本工艺采用上扶正钻头施工先导孔，上扶正导向直径与灌注桩设计直径 2400mm 相同，钻进牙轮钻筒直径 1600mm；钻进时，将上扶正钻头对中桩孔下放至钻孔内岩面处，钻进过程中上扶正导向受到钻孔四周侧向约束，与土层段桩孔侧壁形成相互支挡，即桩孔土层段内壁为入岩开孔钻进提供了有效侧向支撑，从而对下部旋挖硬岩钻进实施精准定位，有效保证了钻孔垂直度。

本工艺入岩先采用上扶正钻头施工先导孔，先导孔深度约 1.5m；先导孔施工完成后，换用直径 1600mm 牙轮钻筒将先导孔钻至设计桩底标高，完成第一级的入岩施工。上扶正钻头第一级钻进入岩施工过程及原理见图 1.1-2。

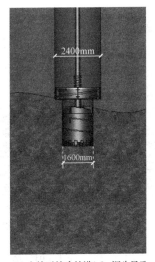
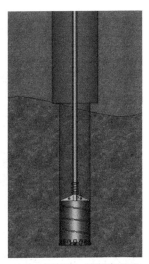

(a) 上扶正钻头下放至岩面　　(b) 上扶正钻头钻进1.5m深先导孔　　(c) 换直径1600mm钻筒钻至桩底

图 1.1-2　上扶正钻头第一级钻进入岩施工过程及原理图

2. 下扶正钻头导向钻进

（1）下扶正钻头结构设计

下扶正钻头主要由牙轮钻筒和下扶正导向组成，两者通过刚性相连。

第二级入岩采用的下扶正钻头，其上部牙轮钻筒直径 2000mm、长度 1300mm；下扶正导向直径 1600mm、长度 700mm，截齿钻筒成为筒状定位导向装置。

第三级入岩采用的下扶正钻头，其上部牙轮钻筒直径 2400mm、长度 1300mm；下扶正导向直径 2000mm、长度 700mm，截齿钻筒成为筒状定位导向装置。

第二级下扶正钻头结构示意见图 1.1-3，第三级下扶正钻头结构示意见图 1.1-4，第二级、第三级下扶正导向钻头实物见图 1.1-5。

图 1.1-3　第二级下扶正钻头结构示意图

图 1.1-4　第三级下扶正钻头结构示意图

（2）下扶正导向钻进原理

1）第二级下扶正导向钻头扩孔钻进

完成第一级入岩钻进至设计桩底标高后，在岩层段形成直径 1600mm 导向钻孔，下

3

图 1.1-5　第二级、第三级下扶正导向钻头实物

一级入岩扩孔钻进采用第二级下扶正钻头，其下部的扶正段直径与第一级入岩钻孔直径 1600mm 相同，上部牙轮钻筒直径 2000mm；钻进时，将第二级下扶正导向钻头对中桩孔下放至钻孔内岩面处，钻进过程中钻孔周边围岩对下扶正导向提供了侧向定位支撑，从而实现上部牙轮钻筒扩孔钻进的精准定位，保证了钻孔垂直度。采用第二级下扶正钻头施工至设计桩底标高后，改用直径 2000mm 牙轮钻筒将孔底下扶正钻头导向段相应部位的岩壁整体修平，施工原理见图 1.1-6。

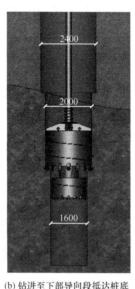
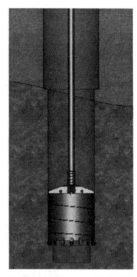

(a) 第二级下扶正钻头下放至岩面　　　(b) 钻进至下部导向段抵达桩底　　　(c) 改用直径2000mm牙轮钻筒修平

图 1.1-6　第二级下扶正钻头扩孔钻进入岩施工原理图

2）第三级下扶正导向钻头扩孔钻进

完成第二级入岩钻进至设计桩底标高后，在岩层段形成直径 2000mm 导向钻孔，下一级入岩扩孔钻进换用第三级下扶正钻头，其下部的扶正段直径与第二级入岩钻孔直径 2000mm 相同，上部牙轮钻筒直径与灌注桩设计直径 2400mm 相同。同第二级下扶正导向钻头扩孔钻进相同，第三级下扶正导向钻头对中桩孔下放至钻孔内岩面处，钻进时钻孔周边围岩对下扶正导向提供了侧向定位支撑，有效实现上部牙轮钻筒扩孔钻进的精准定位，确保了钻孔垂直

度。采用第三级下扶正钻头施工至设计桩底标高后，改用直径2400mm牙轮钻筒将孔底下扶正钻头导向段相应部位的岩壁整体修平，施工原理见图1.1-7。

(a) 第三级下扶正钻头下放至岩面

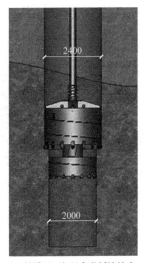
(b) 钻进至下部导向段抵达桩底

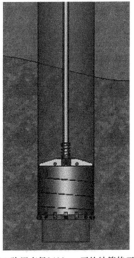
(c) 改用直径2400mm牙轮钻筒修平

图 1.1-7　第三级下扶正钻头扩孔钻进入岩施工原理图

1.1.5　施工工艺流程

大直径灌注桩硬岩旋挖导向分级扩孔施工工艺流程见图1.1-8。

1.1.6　工序操作要点

本工艺施工操作要点以深汕特别合作区"深汕科技生态园A区（2栋、3栋、4栋）施工总承包"工程灌注桩钻进成孔为例说明。

1. 桩位测量放样

（1）施工前利用挖机对施工场地进行整平、压实。

（2）测量工程师根据桩位平面布置图进行现场放样，并在地面上使用木桩标记桩位。

（3）施工员根据放样桩位张拉十字交叉线，在线端处设置4个控制桩，作为定位点。

2. BG46 大扭矩旋挖钻机就位

（1）由于本工程灌注桩最大设计直径2400mm，考虑到桩孔入岩深，且入岩上、下扶正钻头重量大，因此，现场选用德国宝峨公司生产的BG46多功能旋挖钻机，该设备发动机功率570kW，动力头最大扭矩460kN·m，最大钻孔直径3.1m，最大钻孔深度111.1m，可满足灌注桩钻进成孔施工需求。

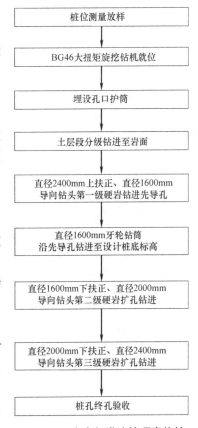

桩位测量放样

↓

BG46大扭矩旋挖钻机就位

↓

埋设孔口护筒

↓

土层段分级钻进至岩面

↓

直径2400mm上扶正、直径1600mm
导向钻头第一级硬岩钻进先导孔

↓

直径1600mm牙轮钻筒
沿先导孔钻进至设计桩底标高

↓

直径1600mm下扶正、直径2000mm
导向钻头第二级硬岩扩孔钻进

↓

直径2000mm下扶正、直径2400mm
导向钻头第三级硬岩扩孔钻进

↓

桩孔终孔验收

图 1.1-8　大直径灌注桩硬岩旋挖导向分级扩孔施工工艺流程图

（2）在旋挖钻机就位处铺垫多块长 8000mm、宽 1300mm、厚 140mm 行车道板（图1.1-9、图 1.1-10），移动旋挖钻机使其履带置于板上，以减小钻机钻进操作对孔口、孔壁的影响。旋挖钻机就位后，调整钻头对准桩中心及钻杆垂直度。

图 1.1-9　行车道板

图 1.1-10　旋挖钻机下铺设行车道板

3. 埋设孔口护筒

（1）采用直径 2.6m、壁厚 1.6cm、长度 6m 护筒进行孔口护壁，护筒上部设有 1 个溢流孔。

（2）护筒埋设采用钻埋法，钻进前再次复核校准桩位。

（3）采用旋挖钻机钻出地面以下 6m 深孔洞（图 1.1-11），竖直吊放压入护筒，具体见图 1.1-12；护筒下入过程中，以吊锤法控制安放垂直度，完成吊放后护筒顶高于地面 30cm，并保证护筒中心与桩位中心偏差不大于 50mm，垂直度不大于 1/100。孔口护筒埋设见图 1.1-13。

图 1.1-11　旋挖钻机预引孔

图 1.1-12　竖直吊放护筒

图 1.1-13　完成孔口护筒埋设

4. 土层段分级钻进至岩面

（1）选用化学泥浆进行钻孔护壁，泥浆由水、钠基膨润土、CMC、NaOH 等按一定比例配制而成，泥浆配制在专设的泥浆池中进行。

（2）由于灌注桩设计桩径大，为提高土层钻进效率，先采用直径 1600mm 旋挖钻斗钻进至岩面，具体见图 1.1-14；完成直径 1600mm 成孔至岩面后，换用直径 2400mm 旋挖钻斗扩孔钻进，直至完成土层段整体成孔施工，具体扩孔钻进见图 1.1-15。

（3）钻进时，采用优质泥浆护壁（图 1.1-16），护筒底口段位置慢速钻进，并注意轻稳放斗、提钻，最后采用清渣斗捞渣清孔。

图 1.1-14　直径 1600mm 旋挖钻斗土层段钻进成孔

图 1.1-15　直径 2400mm 旋挖钻斗土层内扩孔钻进　　　图 1.1-16　旋挖钻进泥浆护壁

5. 直径 2400mm 上扶正、直径 1600mm 导向钻头第一级硬岩钻进先导孔

（1）采用上扶正导向钻头施工先导孔，上扶正钻头导向段直径 2400mm，下部牙轮钻筒直径 1600mm。

（2）将上扶正导向钻头对准桩位缓慢下放入孔（图 1.1-17），在下入至护筒底部时，钻头导向段直径与土层段钻孔直径一致，此时使钻头中心与钻孔中心对中重合，再继续下放钻头至岩面位置。

图 1.1-17　上扶正钻头钻进施工先导孔

（3）钻头置于岩面位置后，向下钻进成孔以直径2400mm土层段孔壁为导向，可有效保证钻孔垂直度，实现扶正效果。

（4）缓慢下压转动钻头开始先导孔施工，注意钻进过程中控制钻压，保持平稳钻进。

（5）先导孔钻进至深度1500mm时（与上扶正导向钻头下部的牙轮钻筒长度一致）停止施工，将岩芯取出，或使用捞渣斗清理岩渣。

图 1.1-18　直径 1600mm 牙轮钻筒第一级钻进入岩

6. 直径 1600mm 牙轮钻筒沿先导孔钻进至设计桩底标高

（1）完成先导孔施工后，更换为直径1600mm牙轮钻筒进行第一级入岩钻进成孔，见图1.1-18。

（2）钻进过程中控制钻压，保持钻机平稳，合理计算回收进尺和取岩次数，直至钻进至设计入岩深度，见图1.1-19。

（3）完成第一级入岩钻进作业后，若孔内残留较多岩渣，则及时采用捞渣筒清理出孔内钻渣，见图1.1-20。

图 1.1-19　取出破碎中风化岩芯

图 1.1-20　旋挖清底捞渣筒

7. 直径 1600mm 下扶正、直径 2000mm 导向钻头第二级硬岩扩孔钻进

（1）第二级扩孔钻进采用下扶正钻头进行入岩施工，第二级下扶正钻头导向段直径1600mm，上部牙轮钻筒直径2000mm。

（2）将第二级下扶正导向钻头对准桩孔中心缓慢下放入孔（图1.1-21），由于导向段直径与第一级施工形成的岩层段钻孔直径一致，在保证两者严格对中重合后，将上部牙轮钻筒下放至岩面位置。

（3）上部牙轮钻筒下放至岩面位置后，向下钻进成孔以直径1600mm的第一级入岩钻孔为导向，可有效保证钻孔垂直度，实现扶正效果。

（4）钻进成孔时，配套采用捞渣筒分段及时清理孔内钻渣，具体捞出钻渣见图1.1-22。

（5）采用下扶正钻头钻进成孔至其导向段达到设计桩底标高后，缓慢提钻出孔，更换为直径2000mm截齿钻筒（图1.1-23），下放入孔将孔底下扶正钻头导向段相应部位的岩

图 1.1-21　第二级下扶正钻头导向钻进入岩

图 1.1-22　捞出钻渣

壁整体削平，最后采用捞渣筒清理孔内残渣。

8. 直径 2000mm 下扶正、直径 2400mm 导向钻头第三级硬岩扩孔钻进

（1）第三级扩孔钻进采用下扶正钻头进行入岩施工，第三级下扶正钻头导向段直径 2000mm，上部牙轮钻筒直径 2400mm。

（2）将第三级下扶正导向钻头对准桩孔缓慢下放入孔（图 1.1-24），由于导向段直径与第二级施工形成的岩层段钻孔直径一致，在保证两者严格对中重合后，将上部牙轮钻筒下放至岩面位置。

图 1.1-23　改用直径 2000mm 截齿钻筒孔底削平

图 1.1-24　第三级下扶正钻头导向钻进入岩

（3）上部牙轮钻筒下放至岩面位置后，向下钻进成孔以直径 2000mm 第二级入岩钻孔为导向，可有效保证钻孔垂直度，实现扶正效果。

（4）钻进过程中控制钻压，轻压慢转，保证钻机平稳；成孔时配套采用捞渣筒，及时清理孔内脱落的岩壁钻渣。

（5）采用下扶正钻头钻进成孔至其导向段达到设计桩底标高后，缓慢提钻出孔，更换为直径 2400mm 截齿钻筒（图 1.1-25），下放入孔将孔底下扶正钻头导向段相应部位的岩壁整体削平，最后采用捞渣筒清理孔内残渣。至此，分三级逐级扩孔完成直径 2400mm 灌注桩岩层段的钻进成孔施工。

9. 桩孔终孔验收

（1）终孔后，采用直径2400mm旋挖钻斗捞渣，经2～3个回次，将岩壁钻渣及土层沉渣捞除，具体见图1.1-26。

图1.1-25　直径2400mm截齿钻筒孔底削平　　图1.1-26　直径2400mm旋挖钻斗整体清孔捞渣

（2）使用测绳测量终孔深度，并作为灌注混凝土前二次验孔依据。

（3）验收完毕后，进行钢筋笼安放、混凝土导管安装作业，并及时灌注桩身混凝土成桩。

1.1.7　材料和设备

1. 材料

本工艺所用材料主要为旋挖钻进时孔内造浆的黏土粉、硬岩钻进旋挖钻头的牙轮和截齿。

2. 设备

本工艺现场施工主要机械设备配置见表1.1-1。

主要机械设备配置表　　　　　　　　　　　　　　表1.1-1

名称	型号	备注
旋挖钻机	BG46	钻进成孔
旋挖钻斗	根据设计桩径	土层钻进
截齿/牙轮钻筒	根据设计桩径	硬岩钻进
旋挖捞渣斗	根据设计桩径	钻孔捞渣
履带式起重机	SCC550E	吊放护筒、钢筋笼等
挖掘机	PC220-8	场地平整、渣土转运
铲车	5t	钻渣倒运
全站仪	iM-52	桩位测放、垂直度检测等

1.1.8　质量控制

1. 桩位及垂直度控制

（1）桩位由测量工程师现场测量放样，报监理工程师审批。

（2）旋挖钻机就位时，认真校核钻斗底部中心与桩点对位情况。如发现偏差超标，及时纠偏调整。

（3）严格按照规范要求埋设护筒，成孔过程中随时观测护筒变化，发现异常及时处理。

（4）护筒埋设后采用十字交叉线校核护筒位置，允许值不超过 50mm；钻进过程中，通过钻机操作室自带垂直控制对中设备进行桩位垂直度监测。

2. 旋挖钻进成孔

（1）采用大扭矩旋挖钻机分级扩孔作业，确保硬岩正常钻进成孔。

（2）钻进成孔时，始终采用优质泥浆护壁，以确保上部土层稳定。

（3）采用扶正导向钻头钻进硬岩成孔时，将钻头对中后轻缓下放入孔，避免与护筒产生碰撞。

（4）采用扶正导向钻头钻进入岩过程中，不得突然急刹提起钻头，停钻后缓慢将钻头提出孔口。

（5）完成硬岩钻进后及时采用专用捞渣钻头进行孔底清渣，避免钻渣在桩孔底部多次重复破碎。

3. 钢筋笼制安及混凝土灌注

（1）吊装钢筋笼前对全长笼体进行检查，检查内容包括长度、直径、焊点是否变形等，隐蔽验收合格后进行吊装操作。

（2）钢筋笼采用"双钩多点"的方式缓慢起吊，吊运时防止扭转、弯曲，严防钢筋笼由于起吊操作不当导致变形。

（3）钢筋笼安装时，采取护筒口穿杠方式保证钢筋笼准确吊放于桩孔内设计标高位置处，吊装过程缓慢操作，避免碰撞钩挂护筒。

（4）灌注导管安放后，测量孔底沉渣，如沉渣厚度超标，则采用气举反循环二次清孔。

（5）利用导管灌注桩身混凝土，导管口距混凝土表面的高度始终保持在 2～6m 范围内。

（6）桩身混凝土连续灌注施工，中断时间不得超过 45min，注意导管提升时不得碰撞钢筋笼。

1.1.9 安全措施

1. 旋挖钻进成孔

（1）旋挖钻进成孔更换扶正钻头时，由于扶正钻头重量大，吊装时派专门司索工现场指挥，无关人员严禁进入吊装影响范围。

（2）扶正钻头使用前，检查钻具的完好程度，确保扶正部分发挥作用。

（3）扶正钻头导向钻进过程中，如遇卡钻情况发生，则立即停止下钻，并查明原因后再继续钻进。

2. 钢筋笼制安

（1）钢筋笼焊接作业人员按要求佩戴专门的防护用具（如防护罩、护目镜等），并按操作规程进行焊接操作。

（2）采用自动弯箍机进行钢筋笼箍筋弯曲时，设置专门的红外线保护装置，防止人员卷入。

（3）吊装钢筋笼过程中，吊装区域设置安全隔离带，无关人员撤离影响半径范围。

3. 桩身混凝土灌注

（1）灌注桩身混凝土时，罐车直接卸料入灌注斗时，在罐车轮胎下铺设钢板，减小对孔口的压力。

（2）灌注过程中，禁止过猛提升导管，防止导管拉裂；同时，控制拔管高度，防止导管提离混凝土面而造成断桩事故。

1.2　灌注桩多功能回转钻机接驳安放深长护筒技术

1.2.1　引言

在深厚松散填土、淤泥质土、粗砂等地层中进行灌注桩施工时，容易发生缩颈、塌孔等问题。此时，需要采用下入深长护筒穿过不良地层，使护筒底端进入稳定地层以达到护壁效果。

深圳市罗湖区木头龙小区更新项目桩基工程于 2020 年 6 月开工，基坑开挖采用"中顺边逆"方法施工，本项目逆作区面积约 6.25 万 m²，地下 4 层，基坑开挖深度 19.75～26.60m。逆作区基础设计工程桩 632 根，基础采用"钢管结构柱＋灌注桩"形式，底部灌柱桩最大桩径 2800mm、最大孔深 73.5m，桩端进入微风化岩 500mm；钢管结构柱设计后插法工艺，插入灌注桩顶以下 4D（D 为钢管结构柱直径）；场地地层由上至下分布有平均约 15m 厚的松散杂填土、黏土、粉砂、中粗砂等，为确保钢管柱定位和灌注桩钻进孔壁的稳定，按施工方案需埋设最大直径 3000mm、最大长度 17m 的护筒护壁。

传统安放护筒工艺一般采用旋挖钻机预成孔后再吊放护筒，或采用旋挖钻机通过接驳器与护筒连接直接下放护筒，或采用大型振动锤将护筒沉入。采用旋挖钻机预成孔安放护筒时，在上部松散填土、粉砂、中粗砂段孔口处钻进时易塌孔（图 1.2-1）。采用旋挖钻机通过接驳器安放护筒，由于深长护筒下放过程中阻力大，旋挖钻机受扭矩限制的影响，仅适用护筒直径 1.2m 及以下的护筒埋设，对于大直径深长护筒无法下放至指定深度，采

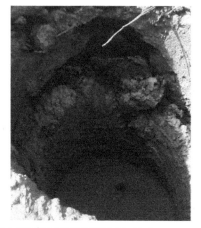

图 1.2-1　旋挖钻机预成孔下护筒时造成孔口坍塌

图 1.2-2　旋挖接驳器安放护筒

图 1.2-3　振动锤安放护筒

用旋挖接驳器安放护筒见图 1.2-2。而采用振动锤沉放护筒时（图 1.2-3），剧烈的激振力对周边建（构）筑将产生强烈的振动，容易引起扰民，甚至造成安全威胁。

针对大直径深长护筒下放过程中旋挖预成孔易塌孔、回转安放护筒能力弱、振动锤沉放护筒振动大等问题，经现场试验、优化，总结出一种高效、安全的多功能钻机安放大直径深长护筒的方法。该工艺先采用旋挖钻机引孔，后采用特制接驳器将钻机动力头与长护筒顶端相连接，钻机利用超强扭矩回转底部带合金刀头护筒并切削地层，同时借助钻机液压装置下压护筒，直至将护筒下放至指定埋深，有效提高了大直径深长护筒的埋设效率，确保了护筒的安放垂直度，为超长护筒安放提供了一种新的工艺方法。

1.2.2　工艺特点

1. 操作快捷高效

本工艺先用旋挖钻机引孔后吊入长护筒，采用特制接驳器将钻机动力系统与护筒连接，通过多功能钻机回转钻进和液压作用将护筒安放到位，操作快捷；多功能钻机专门用于安放护筒，准备多套长护筒，可实现与钻进成孔交叉作业，大大提高工效。

2. 施工安全可靠

本工艺使用的多功能钻机通过液压控制，使护筒回转切削土体，并同步下沉，施工过程无振动，液压控制噪声小，对周围环境无影响，施工过程绿色文明、安全可靠。

3. 有效降低成本

本工艺在提升施工效率的同时，大大缩短了工期，并且节省了其他机械的使用费用，制作的深长护筒可重复使用，有效降低了综合成本。

1.2.3　适用范围

适用于淤泥质土、松散填土、强透水地层的大直径长护筒安放施工和直径不超过3000mm、深度不超过 17m 的护筒埋设。

1.2.4　工艺原理

1. 钻机动力头与护筒接驳原理

（1）接驳接头结构

本工艺采用特制接驳器将钻机动力头与长护筒进行连接，具体通过一对公、母接驳接头来实现，接驳接头结构具体见图 1.2-4、图 1.2-5（以设计桩径 2800mm、对应护筒直径 3000mm 护筒为例）。

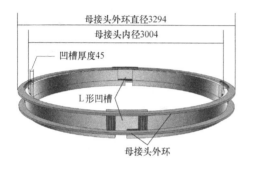

图 1.2-4　母接头凹槽结构

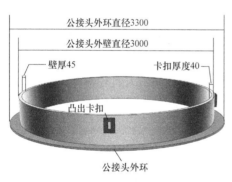

图 1.2-5　公接头凸出结构

为确保护筒受力均衡，在母接头内壁环向均匀设有 4 个 L 形接驳凹槽，在公接头外壁相应位置处设有 4 个凸出卡扣。连接时调整母接头位置，使公接头外壁的卡扣插入母接头内壁的凹槽内，然后旋转母接头，卡扣便卡在凹槽内，接头完成连接，其连接原理见图 1.2-6。另外，两种接头外侧加工有外环，用于传递轴向压力。

（2）特制接驳器

本工艺采用特制的接驳器将动力头与长护筒相连，特制接驳器采用接驳接头结构的原理进行连接。为此，在护筒顶端设置 4 个公接头凸出卡扣，钻机动力头加工有母接头接驳凹槽，而特制接驳器下端加工有与护筒外径相匹配的母接头结构，上端具有尺寸与钻机动力头相匹配的公接头结构，特制接驳器见图 1.2-7。

（3）特制接驳器连接原理

1）钻机动力头与接驳器连接原理及过程

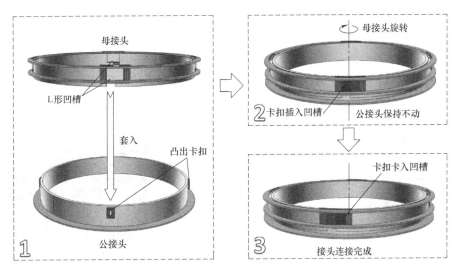

图 1.2-6 接驳结构公、母接头连接原理示意图

图 1.2-7 特制接驳器

首先，钻机动力头下放与接驳器连接，在动力头母接头凹槽中的空隙部分用条形销子卡住，并用螺栓固定，钻机动力头与接驳器连接原理见图 1.2-8。

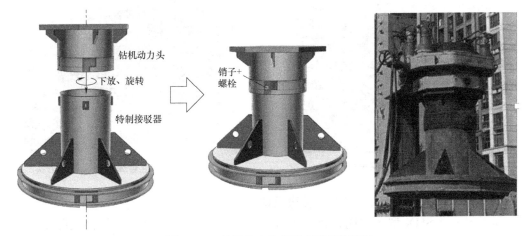

图 1.2-8 钻机动力头与接驳器连接原理

2）接驳器与护筒连接原理及过程

钻机动力头与接驳器连接后，将其移至待连接护筒处，将接驳器下方母接头凹槽与护筒顶端凸起卡扣对准后套入并旋转，此时钻机与护筒通过接驳器连接完成，连接原理见图1.2-9。下放护筒时，保持护筒顺时针旋转，待护筒安放到位，将钻机动力头反转上提；此时，接驳器与护筒之间分离，而接驳器与钻机动力头之间由于销子阻挡避免脱开。

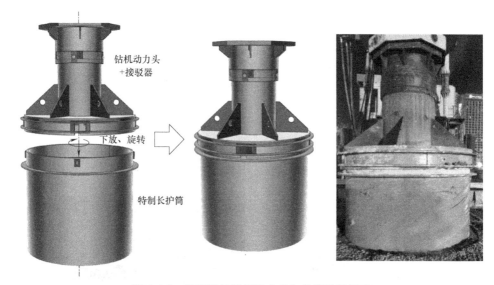

图 1.2-9　接驳器将钻机动力头与护筒连接原理

2. 长护筒管靴回转切削原理

护筒根据不同位置所需长度进行工厂订制，一体化成型（图1.2-10）。护筒顶端加工有凸出卡扣，用于连接上部接驳器凹槽；护筒底端钻头处设有钢制管靴，管靴端部装有合金切削刀头（图1.2-11），其强度高、硬度大，能在回转下放过程中随钻机动力头旋转，对地层进行强力切削，并在钻机液压作用下完成护筒安放。

图 1.2-10　订制的深长护筒

图 1.2-11　护筒底管靴及合金切削刀头

3. 多功能钻机驱动大直径长护筒钻进原理

本工艺选择 SHX 型多功能钻机进行大直径长护筒的安放施工，钻机见图1.2-12。SHX 型多功能钻机采用液压回转钻进，其最大输出扭矩可达 520kN·m，成孔最大直径

3000mm，有效解决了普通旋挖钻机下放大直径长护筒时扭矩不足的困难。多功能钻机回转下放护筒时，通过接驳器凹槽与护筒顶端的凸出卡扣配合来传递扭矩，通过接驳器与护筒的外环来传递轴向压力，使护筒边切削土层边向下钻进，待护筒下放至指定埋深后，将接驳器反转上提，使护筒顶端的凸出卡扣脱离接驳器凹槽，则接驳器与护筒分离，护筒留在桩孔护壁。待钻孔及混凝土桩灌注结束后，利用钻机采用同样方式连接护筒将其拔出。

1.2.5　施工工艺流程

大直径灌注桩多功能回转钻机接驳安放深长护筒工艺流程见图 1.2-13。

1.2.6　工序操作要点

以桩径 2800mm、护筒直径 3000mm、护筒长 17m 为例。

图 1.2-12　SHX 型多功能钻机

**图 1.2-13　大直径灌注桩多功能回转
钻机接驳安放深长护筒工艺流程图**

1. 平整场地、测量定位

（1）由于多功能钻机占用场地较大，施工前将所涉及的场地区域平整、压实，并进行硬底化施工，确保钻机正常行走。施工现场硬底化见图 1.2-14。

（2）依据设计图纸的桩位进行测量放线，使用全站仪测定桩位，桩位中心点处用红漆做出三角标志，放线定位见图 1.2-15；测量结果经自检、复检后，报监理复核确认。

2. 旋挖钻机引孔

（1）选择三一 SR425 型旋挖钻机和外径 3000mm 的钻头，旋挖钻机就位后精心调平。

（2）对孔位时采用十字交叉法对中孔位。

（3）旋挖引孔深度根据现场土质条件，以钻孔不发生塌孔控制，一般引孔深度 4～8m。旋挖钻机引孔见图 1.2-16。

3. 吊放长护筒

（1）长护筒由工厂预制，用拖板车运至施工现场，见图 1.2-17。

图 1.2-14 施工现场硬底化

图 1.2-15 桩位测量放线定位

图 1.2-16 旋挖钻机引孔

图 1.2-17 运送长护筒至施工现场

（2）采用履带起重机将护筒竖直吊至已进行引孔的桩孔位置，缓慢下放护筒至引孔深度，保持护筒稳定不偏斜，吊放护筒见图 1.2-18。

4. 多功能钻机安装及就位

（1）本工艺选用 SHX 型多功能钻机安放护筒，钻机为液压驱动控制、恒功率变量、大扭矩输出钻进，具备高稳定性的底盘结构设计，适应能力强。其主要参数见表 1.2-1。

（2）多功能钻机主要包括液压动力系统、行走系统、提升系统等，其现场安装调试见图 1.2-19。

5. 多功能钻机与接驳器连接

（1）钻机动力头与特制接驳器通过卡扣与卡槽连接，在卡槽空隙插入销子并用螺栓固定。钻机动力头与接驳器连接见图 1.2-20。

图 1.2-18　吊放长护筒

SHX 型多功能钻机主要技术参数　　　　　　　　　　　表 1.2-1

指　标	参　数
液压系统操纵方式	手动及电气控制
最大立柱长度时最大拉拔力	900kN
电动机功率	55kW
液压系统压力	25/20MPa
最大输出扭矩	520kN·m
总重量	210t
长×宽	12800mm×6800mm

图 1.2-19　多功能钻机进场安装调试　　　图 1.2-20　钻机与特制接驳器连接

（2）将已连接接驳器的钻机利用桩机行走机构移动至钻孔（护筒）位置附近，已连接接驳器的钻机见图 1.2-21。

6. 多功能钻机通过接驳器与长护筒连接

（1）调整多功能钻机动力头位置，使接驳器凹槽对准护筒端部连接环上的凸出卡扣，接驳器凹槽见图1.2-22，待连接长护筒见图1.2-23。

图1.2-21 多功能钻机动力头连接接驳器

图1.2-22 接驳器凹槽

（2）缓慢下放接驳器，使护筒凸出的卡扣卡入接驳器凹槽内，再旋转动力头，实现两者的连接。已连接完成并准备下放的多功能钻机与长护筒见图1.2-24。

图1.2-23 待连接长护筒

图1.2-24 钻机与护筒连接

7. 多功能钻机液压回转护筒切削钻进至预定深度

（1）利用多功能钻机的液压装置提供动力旋转护筒，使长护筒回转钻进，护筒底的合金刀头切削地层并下沉至指定埋深。

（2）护筒钻进时，保持钻机稳固，采用高精度测斜仪观察护筒垂直度并随时纠偏。下放长护筒现场见图1.2-25、图1.2-26。

8. 多功能钻机与长护筒分离并移位

（1）长护筒下放至预定埋深后，反方向旋转动力头，上提接驳器使钻机与护筒脱离。

（2）接驳器与护筒未完全分离时缓慢上提，确定二者分离后再正常提升。

（3）将多功能钻机移至下一待安放护筒孔位处。钻机与护筒分离见图1.2-27。

9. 旋挖钻机就位、钻进成孔

（1）护筒安放完成后，将多功能钻机移位，将旋挖钻机移至孔口。

（2）旋挖钻机在护筒内钻进成孔至设计移位深度，旋挖钻机钻进成孔见图1.2-28。

图 1.2-25　长护筒回转钻进

图 1.2-26　护筒下放到位

图 1.2-27　钻机与护筒分离

图 1.2-28　旋挖钻机钻进成孔

10. 灌注桩身混凝土成桩

（1）终孔后，安放钢筋笼、灌注导管，具体见图 1.2-29、图 1.2-30。

（2）灌注混凝土前，采用气举反循环进行二次清孔；孔底沉渣满足要求后，灌注混凝土成桩。二次清孔见图 1.2-31，桩身混凝土初灌见图 1.2-32。

11. 多功能钻机起拔护筒

（1）待灌注桩身混凝土完成后，将多功能钻机就位，并将钻机接驳器与护筒连接，钻机与护筒连接方法不变，旋转方向与下放护筒时相同，控制钻机动力头提升，将护筒拔出。

（2）起拔护筒过程控制速度，时刻观察护筒垂直度，防止护筒偏斜影响灌注桩质量。钻机回转起拔护筒见图 1.2-33。

图 1.2-29　安放钢筋笼

图 1.2-30　安装灌注导管

图 1.2-31　二次清孔

图 1.2-32　灌注桩身混凝土

图 1.2-33　钻机回转起拔护筒

1.2.7　材料与设备

1. 材料

本工艺所使用的材料主要包括钢板（加工接驳器、连接构件）、钢筋等。

2. 设备

本工艺所涉及的主要机械设备配置见表 1.2-2。

1.2.8　质量控制

1. 接驳器及构件加工

（1）长护筒外周长偏差不大于 2mm，管端椭圆度不大于 5mm，管端平整度误差不超过 2mm，平面倾斜不大于 2mm。

（2）护筒顶端凸出卡扣边长偏差不超过 2mm，厚

主要机械设备配置表　　　　表 1.2-2

设备名称	型号	备注
多功能钻机	SHX 型	回转液压下放长护筒
接驳器	自制	连接钻机与护筒
长护筒	最大外径 3000mm，最大长度 17m	护壁
旋挖钻机	三一 SR425	引孔、钻进
旋挖钻头	3000mm/2800mm	引孔、钻进
履带起重机	250t、150t	起吊护筒
全站仪	WILD-TC16W	护筒标高测量

度偏差不超过 2mm。

（3）接驳器内周长偏差不大于 2mm，凹槽边长偏差不超过 2mm，厚度偏差不超过 2mm。

（4）护筒与接驳器各焊缝要求为二级焊缝，加工焊接质量满足设计要求。

2. 长护筒制作与安放

（1）桩以及长护筒中心点由测量工程师现场测量放线，报监理工程师复核确认。

（2）钻机就位时，认真校核钻斗底与桩中心点对位情况；如发现偏差超标，及时调整。钻进过程中，通过钻机操作室自带垂直控制对中设备进行桩位控制。

（3）在下放长护筒过程中，现场通过两个垂直方向铅坠绳观察护筒垂直度；一旦产生偏移，及时纠正。

（4）多功能钻机下放长护筒后，用十字线校核护筒位置偏差，允许偏差值不超过 50mm。

1.2.9　安全措施

1. 护筒吊装

（1）长护筒吊装前，起重司机及起重指挥人员做好作业前准备，掌握长护筒的吊点位置和捆绑方法。

（2）确定吊装设备作业的具体位置，确保作业现场地面平整程度及耐压程度满足起重作业要求。

2. 护筒安放

（1）对多功能钻机施工场地进行平整压实，必要时进行硬化处理，以防止作业时钻机倾倒。

（2）护筒安放过程中，桩位附近严禁非操作人员靠近。

1.3　大直径旋挖灌注桩硬岩阵列取芯分序钻进技术

1.3.1　引言

灌注桩旋挖钻进硬岩时，钻头的直径越大，其克服硬岩内进尺的阻力越大，所需要的钻进扭矩也越大。对于大直径硬岩钻进，除分级扩孔钻进外，常采用硬岩小直径钻孔阵列取芯钻进法，即当旋挖按设计桩径全断面钻进至硬岩面时，改用相同的小直径旋挖筒钻，按照阵列布孔依次取芯、旋挖钻斗捞渣，最后采用设计桩径筒钻整体一次性削平的钻进工艺，这种方法采用小直径筒钻逐孔钻进，有效提升了硬岩段钻进效率，可广泛用于桩径大

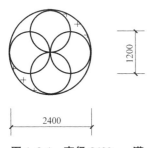

1200

2400

图 1.3-1 直径 2400mm 灌注桩硬岩阵列取芯钻进布孔示意图

于 2200mm 及以上的灌注桩硬岩钻进施工，在《实用岩土工程施工新技术（2021）》第 1 章第 1.1 节大直径旋挖灌注桩硬岩小钻阵列取芯钻进技术中，对此工艺进行过详细介绍。

如直径 2400mm 的灌注桩硬岩钻进时，常采取 4 个直径 1200mm 阵列孔布置，使用旋挖筒钻逐孔钻进施工，具体阵列孔布置见图 1.3-1。

在实际现场施工旋挖灌注桩时，对于布置的阵列孔没有明确规定钻进时钻孔的施工顺序，现场随孔进行钻进，使得在后继孔的钻进过程中，随着孔内临空面的形成，钻头受力不均容易造成偏孔，需要反复进行纠偏，甚至会造成最终桩孔垂直度难以满足设计要求。

为解决硬岩阵列孔无序钻进造成的上述问题，针对小直径阵列孔钻头在孔底钻进时的受力工况进行详细分析，从最有利于钻进并对下序孔影响最小方面综合研究，对阵列孔钻进的顺序进行了优化。

1.3.2 工艺特点

1. 钻进效果好

采用本工艺所述的阵列钻孔顺序钻进取芯时，其综合考虑了每一个钻孔在钻进时钻头的受力工况，提供了最利于每一个阵列孔硬岩钻进的条件，避免阵列孔钻进时偏孔而导致钻孔垂直度超标，有效提高了钻孔质量。

2. 降低钻进成本

采取优化的阵列孔钻进顺序，硬岩钻进取芯效率高，减少了阵列孔纠偏的时间和材料消耗，同时减少了后续大钻钻进的难度，节约大量的纠偏时间，综合降低了钻进施工成本。

1.3.3 阵列孔钻进分序原理及优化分析

本工艺所述的阵列取芯顺序之所以至关重要，是由于随着孔内逐个孔钻进取芯后，孔内阵列孔钻进的位置、临空环境、钻头钻进受力均发生变化，造成后继孔失去有效支撑，以至于出现钻进偏斜而导致垂直度超标。

当旋挖钻机在钻进时，钻杆和钻头呈现顺时针方向旋转，在钻孔内由于钻孔内岩壁会对钻头起一定支撑作用，而且还未进行钻取区域的岩面也对钻头有一定依托作用，当钻孔还未形成临空时，无论选取在哪一侧进行钻进都会较容易。但当有了其他钻孔存在时，其就形成临空面，在钻头旋转时就容易出现受力不均的情况。

以直径 2400mm 的旋挖灌注桩孔内硬岩阵列孔入岩取芯钻进为例，选取直径 1200mm 的阵列孔进行钻进，4 个阵列孔布置具体见图 1.3-1。由于在进行首孔钻进时，钻孔的周

边均为岩层所依托，钻进相对比较容易。但是，在阵列孔首孔钻进后，即形成了临空条件，使得邻近钻孔钻进时会出现受力不均的现象。因此，通过先难后易的施工顺序对阵列孔的顺序进行优化，即先施工最难施工的钻孔，后施工相对最容易钻进的钻孔，通过这种反推法来进行钻进过程工况分析，并得出相应的优化钻进顺序。

1. 最后一个阵列钻孔钻进工况分析

在其他三个钻孔已施工完成的情况下，剩下最后一个钻孔待施工，通过图示最后一个钻孔所处的位置，其位置分布见图 1.3-2 的 4 种情况。

图 1.3-2　最后一个阵列钻孔所处 4 个平面位置图

通过图 1.3-2 中最后一个钻孔所处的位置，可以显示出钻孔周边临空面和孔壁位置，具体钻进先后及其临空面情况见图 1.3-3。图 1.3-3 中旋挖钻机位置处于正下方，图中箭头指向为旋挖钻机的回转钻进方向。从图 1.3-4 中可以显示，当其余 3 个钻孔都已施工完成的情况下，1～3 号钻孔均处于没有侧限受力约束的状态，而 4 号钻孔则靠近旋挖机一侧。相对于 1～3 号钻孔来说，其钻进时的工况及受力较为稳定，不容易发生钻头偏移的现象。由此，确定 4 号钻孔最后钻进为相对最容易施工的钻孔。

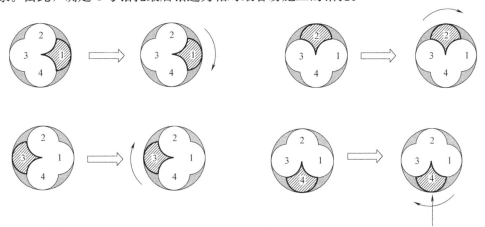

图 1.3-3　最后一个阵列钻孔孔内位置分布及钻进工况分析示意图

2. 剩余三个阵列钻孔优先钻进工况分析

通过上述分析结果可得，4 号钻孔为最容易施工的钻孔，所以 4 号阵列孔最后施工。接下来，对在只有 4 号钻孔存在的情况下，分析其他 3 个钻孔施工的难易程度，其阵列孔平面位置布置见图 1.3-4。

对图 1.3-4 中每个钻孔钻进时的受力情况进行分析（图 1.3-5），结果显示 2 号钻孔临空面大，相对 1 号、3 号钻孔来说受力面积较小，容易发生偏孔；而 1 号、3 号钻孔钻进时会受到 4 号孔和孔壁的支撑。综合分析，2 号钻孔是相对最难施工的钻孔，1 号、3 号钻孔钻进难度稍大。由此，剩下的三个钻孔中 2 号钻孔最先施工。

图 1.3-4　剩下三个阵列钻孔平面位置图

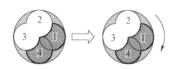 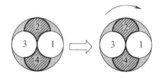 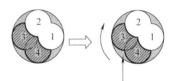

图 1.3-5　剩下三个阵列钻孔平面及钻进时工况分析示意图

图 1.3-6　2 号钻孔已施工情况
下 1 号、3 号钻孔平面位置图

3. 剩余两个阵列钻孔钻进时受力工况分析

前述已经确定，2 号钻孔最先施工，4 号钻孔最后进行施工，现在对 1 号、3 号阵列孔施工顺序进行受力工况分析，钻孔平面布置见图 1.3-6。

（1）先施工 1 号阵列孔

先施工 1 号阵列孔时，由于钻杆顺时针转动，3 号阵列孔钻进时，1 号、2 号孔形成的钻空面较大，容易造成 3 号孔偏孔。具体钻进时孔内受力工况见图 1.3-7。

（2）先施工 3 号阵列孔

在完成 3 号阵列孔钻进后，1 号阵列孔可以依托顺时钻方向的围岩和 4 号孔作为支撑，实施有效钻进。1 号钻孔施工较容易，其钻进时孔内受力工况见图 1.3-8。

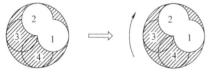 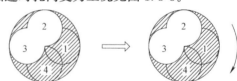

图 1.3-7　先钻进 1 号阵列孔时　　　　图 1.3-8　先钻进 3 号阵列孔时
3 号孔受力工况分析示意图　　　　　　1 号孔受力工况分析示意图

从以上分析明显得出，1 号、3 号钻孔相对比，3 号钻孔更难施工，因此先施工 3 号钻孔，再施工 1 号钻孔。

4. 综合分析

通过上述分析，可以得出 4 个直径 1200mm 阵列孔钻孔顺序为：2 号→3 号→1 号→4 号（图 1.3-9），这样才能最简单、快捷地得到硬岩阵列取芯钻进的最优效果，进而提高钻进效率。

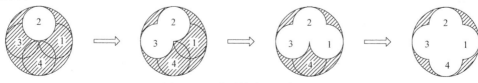

图 1.3-9　阵列钻孔平面布置图

1.4 深厚填石层灌注桩旋挖挡石钻头成孔技术

1.4.1 引言

旋挖灌注桩因成孔效率高、易于施工管理、施工过程中产生的泥浆废渣少等特点被广泛应用于灌注桩施工中。当旋挖钻头在深厚填石层中钻进时，受填石层块度不均一、分布散乱、结构松散等影响，旋挖钻头穿越时易发生块石掉落、塌孔、埋钻现象（图1.4-1），常常使钻头部件受损（图1.4-2），造成钻杆与钻头连接部位强度和钻进扭力下降；同时，块石掉落至钻头筒壁与孔壁之间，会加大钻头回转钻进的阻力，导致旋挖钻进摩阻加大，严重影响钻进工效。

针对此情况，项目组对基坑填石区旋挖成孔施工工艺进行研究，设计制作一种顶部带挡板且设置加强筋板的旋挖挡捞块石钻头，较好地解决了填石地层旋挖钻进施工出现的问题，有效提高钻进效率。加筋挡石钻头见图1.4-3。

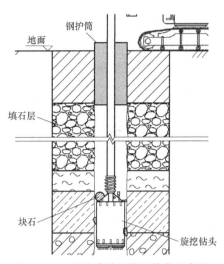

图1.4-1 旋挖填钻进块石掉落示意图

图1.4-2 旋挖钻头连接方套被填石砸损

图1.4-3 加筋挡石钻头

1.4.2 工艺特点

1. 使用便捷

本工艺所述的加筋挡石旋挖钻头使用时无需更换其他工艺机具，遇填石层直接投入使用，保持了旋挖钻头的所有功能和优势，现场使用便捷、高效。

2. 提高钻进工效

传统旋挖钻机在填石区成孔施工时，块石掉落往往会导致钻孔偏斜、损坏钻头结构其至导致掉钻等问题；本工艺所使用的加筋挡石钻头加固了钻头结构，利用挡板将大块径填石承托直接捞出钻孔，减少块石掉落对施工的影响，大大提高了钻进工效。

3. 节省使用成本

本工艺使用的加筋挡石钻头直接在传统旋挖钻头的基础上进行改进，加固了钻头易损部位，钻头使用耐久，制作和使用成本低。

1.4.3　适用范围

适用于填石区灌注桩旋挖钻进成孔作业。

1.4.4　挡石钻头结构

1. 钻头构成

本工艺所述的加筋挡石钻头用于填石地层旋挖成孔施工，其以旋挖钻机作为主体，对旋挖钻头的结构进行改进，将旋挖钻头加强筋板加厚加长，同时在四周加强筋板外侧焊接一块钢板保护钻头与钻杆的连接构件，再于钻头顶部设计块石挡板，挡板直径与钻孔直径一致，其目的在于填石地层旋挖钻进施工时承托住掉落的块石，起到保护钻头和孔壁的作用；另外，在挡板上设置若干孔洞，以便施工过程中护壁泥浆的流通。旋挖挡石钻头结构和孔内钻进状态见图 1.4-4、图 1.4-5。

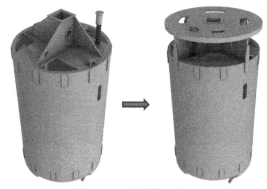

图 1.4-4　旋挖钻头结构

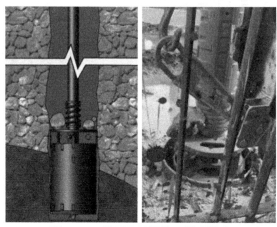

图 1.4-5　填石层旋挖挡石钻头钻进

2. 旋挖挡石钻头设计与制作

以桩径 1200mm 旋挖桩为例。

（1）钻头直径 1120mm，整体长度约 2m。

（2）挡石板整体厚度 300mm，挡板开设 4 个 120mm×360mm 孔洞。

（3）将 4 块加强筋板加厚的同时，均延长至挡板底部并与其焊接，在钻头四周外侧加强筋板处焊接一块 20mm 厚防护板，以减小钻进过程中块石摩擦对加强筋板的损坏。

加筋挡石钻头设计见图 1.4-6，旋挖加筋挡石钻头钻进现场见图 1.4-7。

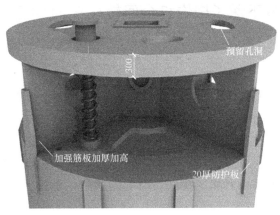

图 1.4-6　加筋挡石钻头设计

图 1.4-7　旋挖加筋挡石钻头钻进现场

第2章 全套管全回转灌注桩施工新技术

2.1 复杂条件下深长嵌岩桩全回转与RCD组合钻进成桩技术

2.1.1 引言

在滨海滩涂、人工填海造地，或深厚淤泥、砂层，且周边环境存在建（构）筑物、桥梁等复杂条件施工大直径深长嵌岩灌注桩时，常出现塌孔、缩颈、灌注混凝土充盈系数大等一系列关键技术性难题。为了更有效、快速、安全地在以上复杂条件下进行灌注桩施工，通常情况下会采用深长套管隔离不良地层，并采用旋挖钻机凿岩钻进。但振动锤在沉拔钢套管时的激振力和旋挖嵌岩时的振动力，对场地地基及周边环境造成较大的不利影响。

2020年6月，"横琴口岸及综合交通枢纽开发工程——市政配套工程（莲花大桥改造入境匝道、出入境匝道连接桥、既有桥墩加固）桩基础工程"开工，该项目为莲花大桥珠海桥口处的匝道桥梁的部分改造。项目新建莲花大桥入境匝道桥梁总长754m，共计26跨，桥墩采用独柱墩加小盖梁形式，桩基设计采用钻孔灌注桩，为2根ϕ1.8m或2根ϕ2.0m灌注桩，浇灌C45水下混凝土，桩端持力层为中风化或微风化岩层，其中ϕ1.8m桩进入持力层不小于3.6m、ϕ2.0m桩进入持力层不小于4.0m，平均桩长77.5m（桩成孔深度超过既有桥桩长）。

场地原始地貌单元属滨海滩涂地貌，原地势低洼，后经人工填土、吹砂填筑而成，岩石上部覆盖层平均厚度约71.8m，主要地层包括：素填土（厚3.86m）、冲填土（厚2.76m）、淤泥（厚14.62m）、粉质黏土（厚10.90m）、淤泥质土（厚6.88m）、砾砂（厚37.28m），下伏基岩为燕山三期花岗岩。其中，强风化花岗岩厚1.89m、中风化花岗岩厚10.66m（岩石饱和单轴抗压强度标准值25.8MPa）。

针对此类不良地层条件及特殊周边环境的桩基础工程施工，经综合考虑和优化选择，采用灌注桩全套管全回转与RCD全断面入岩组合钻进成桩施工工艺，即针对上部土层采用全回转钻机下入钢套管护壁、冲抓取土成孔，防止成孔过程中出现缩径、塌孔问题，确保周边建（构）筑物的安全稳定；针对大直径硬岩，则首先采用反循环钻机（以下简称"RCD钻机"）进行全断面研磨破碎，再通过气举反循环配合清渣；最后，采用全套管全回转钻机灌注桩身混凝土，并起拔护壁钢套管，保证了在场地情况苛刻的条件下，高效、安全、环保地完成灌注桩施工任务。具体组合钻进成桩工艺见图2.1-1～图2.1-4。

图 2.1-1　全回转钻机土层钻进

图 2.1-2　RCD 钻机岩层全断面钻进

图 2.1-3　全回转钻机灌注桩身混凝土

图 2.1-4　全回转钻机起拔套管

2.1.2　工艺特点

1. 组合钻进工效显著

采用全套管全回转与 RCD 组合钻进成桩施工工艺，充分发挥两种机械设备的优势，既能适用于现场存在不良地层的情况，又能有效保证入岩施工效率、加快施工进度，实现现场绿色文明施工，最大限度地降低对周边环境的影响。

2. 全断面破岩效率高

采用 RCD 钻机入岩施工，配置全液压动力旋转头，提供大扭矩及推力通过钻杆传递至全断面滚刀钻头，有效破碎坚硬岩层；同时，钻机可随地质条件的不同选取不同配重进行孔底加压，确保成孔垂直度，达到高效破岩的目的。

3. 施工质量可靠

本工艺土层段采用全套管护壁，避免了不良地层可能导致的塌孔；入岩钻进时，利用气举反循环系统将研磨破碎的岩屑及时排出，通过泥浆过滤系统筛分固、液体，达到排渣和清孔的效果，有效保证了成孔和成桩的质量。

4. 综合成本低

灌注桩全回转与 RCD 全断面入岩组合钻进施工工艺，相比传统冲孔及旋挖钻进，大大缩短了入岩时间，节省了大量的管理费用和现场安全措施费，并有效缩短施工工期，总体综合施工成本低。

5. 提升文明施工水平

全回转钻机在套管内采用冲抓斗直接抓取土层出渣，无需使用泥浆护壁；RCD 钻机全断面研磨破岩施工振动小、噪声低，泥浆循环时采用特制泥浆箱进行钻渣沉淀及泥浆循环利用，环保效果显著。

2.1.3　适用范围

适用于大直径、嵌岩深、复杂地质条件及周边环境复杂的桩基础施工，特别适用易缩径、塌孔地层、旋挖钻机施工作业面不足、对施工振动敏感的环境施工。

2.1.4　技术路线

1. 关键技术问题

针对复杂条件下深长嵌岩桩的施工，面临需要解决如下几方面的关键技术问题：

（1）实现超深孔上部覆盖层（淤泥、砂层等）超深钻孔护壁（平均厚度 71.8m），防止塌孔影响邻近既有桥梁桩和周边地面沉降。

（2）实现大断面硬岩的高效钻进，并有效减少入岩振动对周边环境的干扰。

（3）采用超长套管护壁的情况下，利用振动锤产生的激振力大，采用吊车起拔困难，对周边负面影响大。

2. 技术解决方法

为有效解决上述关键技术问题，拟从以下几方面采取技术措施：

（1）钻进过程中同步下入全套管护壁，采用全回转钻进边抓斗取土边旋入套管，完成上部土层的钻进。

（2）大直径硬岩钻进采用 RCD 钻机配置牙轮钻头全断面一次性入岩成孔，利用 RCD 钻机的大扭矩和钻头研磨入岩，无振动影响；同时，采用 RCD 钻机配置的气举反循环排渣系统，实现对超深孔底的清孔。

（3）终孔后，再次利用全回转钻机灌注桩身混凝土，并通过液压起拔超长钢套管；现场采用 1 台全回转钻机配置 2 台 RCD 钻机，可确保现场钻机设备的合理利用。

2.1.5　工艺原理

针对不良地层和复杂周边环境的大直径深长嵌岩灌注桩，采用全套管全回转与 RCD 组合钻进成桩施工工艺，重点在于全套管全回桩钻机及 RCD 钻机的组合使用，首先采用全回转钻机长套管土层护壁，配合抓斗进行硬岩上部开挖成孔作业，入岩后换用 RCD 钻机就位进行全断面破岩钻进至设计桩底标高，吊放安装钢筋笼，再重新将全回转钻机就位，完成桩身混凝土灌注及套管起拔，施工全流程示意见图 2.1-5。

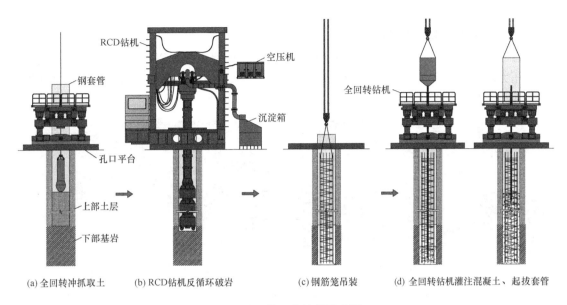

(a) 全回转冲抓取土　　(b) RCD 钻机反循环破岩　　(c) 钢筋笼吊装　　(d) 全回转钻机灌注混凝土、起拔套管

图 2.1-5　施工全流程示意图

以下原理分析以"横琴口岸及综合交通枢纽开发工程——市政配套工程（莲花大桥改造入境匝道、出入境匝道连接桥、既有桥墩加固）桩基础工程"为例说明。

1. 超长钻孔全套管护壁原理（全套管全回转＋抓斗钻进土层成孔）

该项目填土、淤泥、黏土、砾砂等不良地层总厚度约为 55m，地层条件极不稳定，灌注桩在此类地层中钻进施工时易发生塌孔、缩颈等质量事故，需采用全套管护壁辅助钻进施工，以全回转钻机旋转下压套管至基岩面，利用管壁支撑土体，利用抓斗套管内土层实现冲抓取土，具体见图 2.1-6、图 2.1-7。

图 2.1-6　全套管全回转＋抓斗钻进土层成孔

(a) 测量定位、安装首节钢套管　　(b) 下压钢套管，抓斗冲抓套管内土层　　(c) 逐层接长钢套管护壁至基岩面

图 2.1-7　全回转钻机压入钢套管及冲抓取土钻进流程图

2. 全断面硬岩研磨钻进原理

（1）RCD 钻头结构及性能

1）本工艺所用 RCD 钻机通过钻杆连接配重块，底部连接 RCD 钻头。配重根据施工所需压力配置，通常 2～3 个，每个配重块约 2.3t，配重为钻头提供竖向压力，加强研磨破岩效果。具体见图 2.1-8、图 2.1-9。

图 2.1-8　RCD 钻头

图 2.1-9　钻杆＋配重＋钻头

2）RCD 钻头底部为平底式设计，底部布置球齿滚刀，滚刀底部设置基座与钻头底部相连，基座固定相对钻头底部不可移动，滚刀可沿基座中心点转动；RCD 钻头底部设置 2个圆形送气孔和 1 个方形排渣孔。其中，空压机产生的压缩空气通过通风管，经送气孔吹入孔底，切削岩石产生的碎屑则混合泥浆经过方形排渣孔，沿钻杆中空通道上返至地面，具体见图 2.1-10。

3）RCD 钻头顶部连接中空钻杆（图 2.1-11），单根钻杆长 3.0m，采用法兰式结构，中心管为排渣通道，管壁外侧有 2 根通风管，钻杆法兰之间采用高强度螺栓和销轴连接。

图 2.1-10　RCD 钻头进浆孔、进气孔

图 2.1-11　RCD 钻机钻杆

（2）RCD 钻头研磨岩体钻进原理

RCD 钻机利用动力头提供的液压动力带动钻杆及钻头旋转，钻进过程中钻头底部的各球齿滚刀绕自身基座中心点持续转动，滚刀上镶嵌有金刚石颗粒，金刚石颗粒在轴向力、水平力和扭矩的作用下，连续研磨、刻划、犁削岩石。当挤压力超过岩石颗粒之间的粘结力时，部分岩石从岩层母体中削离出成为碎岩。随着钻头的不断旋转压入，碎岩被研磨成细粒状岩屑，并随着泥浆排出桩孔，整体破岩钻进效率大幅提高，显著缩短施工

工期。

3. 气举反循环排渣

本工艺采用空压机产生的高压空气，通过 RCD 钻机顶部连接接口沿通风管送入孔底，空气与孔底泥浆混合导致液体密度变小，此时钻杆内压力小于外部压力而形成压差，泥浆、空气、岩屑碎渣组成的三相流体经钻头底部方形排渣孔进入钻杆内腔发生向上流动，排出桩孔至沉淀箱；沉淀箱采用三级分离，第一级采用筛网初分粗颗粒，第二级和第三级采用沉淀分离，进一步分离出混合液体中的砂粒。粗料集中收集堆放，泥浆则通过泥浆管流入孔内形成气举反循环，完成孔内沉渣清理。RCD 钻机气举反循环排渣示意见图 2.1-12。

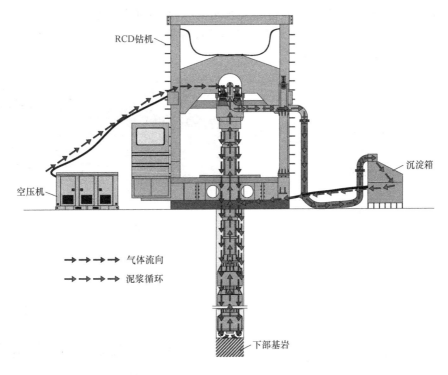

图 2.1-12 气举反循环排渣示意图

4. 超长套管起拔

在 RCD 钻机完成钻孔后，移除 RCD 钻机；在安放钢筋笼后，再次将全回转钻机就位，采用全回转钻机的液压抱箍提升系统，在灌注桩身混凝土时，随钢套管内混凝土面的上升，逐节起拔并拆卸护壁套管。

2.1.6 施工工艺流程

复杂条件下大直径深长嵌岩桩全回转与 RCD 组合钻进施工工序流程见图 2.1-13。

2.1.7 工序操作要点

1. 施工准备

（1）平整场地，土质疏松地段回填砂砾石压实处理，必要时在场地内铺设厚钢板，保证施工区域内吊车、混凝土运输车等重型设备行走安全。

（2）桩中心控制点采用全站仪测量放样，使用油漆喷出桩边缘线，便于后续摆放钻孔平台，并拉十字交叉线对桩位进行保护。

2. 孔口平台吊放就位

（1）因全回转钻机和 RCD 钻机的自重和尺寸大，为防止机械设备放置地面的集中荷载对地基造成沉降，设计采用一种扩大地基接触面积的孔口平台（图 2.1-14），形成全回转钻机和 RCD 钻机的统一公共作业面，其尺寸及结构应适用于两种钻孔设备共同使用。

（2）孔口平台由 I56c 工字钢制成，具体见图 2.1-15。平台主龙骨"井"字形为双拼形式（以图 2.1-15 中 2 根粗实线并排布置表示），其余为单根加强；平台接地面侧使用 16mm 厚钢板分散压应力，钢板与龙骨工字钢分段焊接，间距 500mm 一道焊缝，焊缝长 100mm，平台底板布置见图 2.1-16。

图 2.1-14　孔口平台

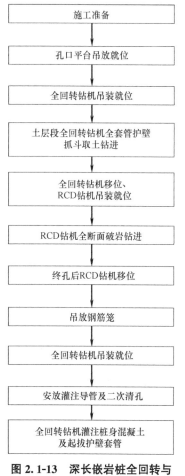

图 2.1-13　深长嵌岩桩全回转与
RCD 组合钻进施工工序流程图

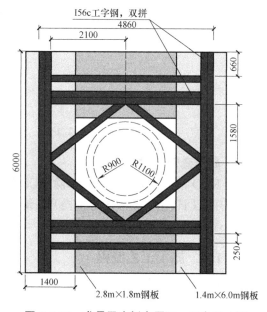

图 2.1-15　龙骨及底板布置图、平台尺寸图

（3）采用吊车将平台放置于桩位上，使平台中心与桩中心重合，并通过拉十字交叉线进行定位复核，吊放钻孔平台见图 2.1-17。

图 2.1-16　平台底板布置

图 2.1-17　吊放钻孔平台

3. 全回转钻机吊装就位

（1）首先，吊放定位平衡板（定位平衡板为全回转钻机配套的支撑定位平台），在平衡板上设置十字交叉线形成板中心点，并在中心点引出一条铅垂线对齐桩中心，即可保证平衡板中心与桩中心重合，见图 2.1-18。

（2）定位平衡板上设有四个固定位置和尺寸的限位圆弧（图 2.1-19）。当全回

图 2.1-18　对中全回转钻机定位平衡板

图 2.1-19　全回转钻机限位圆弧定位

转钻机安置于平衡板上时，两者即可满足同心状态，则钻机中心、平台中心及桩中心"三点一线"重合。

4. 土层段全回转钻机全套管护壁抓斗取土钻进

（1）全回转钻机就位后，起吊首节钢套管对位桩中心放入钻机卡盘内部，夹紧卡盘固定钢套管，全回转钻机通过左右两侧回转油缸的反复推动使套管转动，首节钢套管下方头部带有合金刃脚，加压使套管边旋转切割土体边向下沉入地层，见图 2.1-20。

图 2.1-20　定位压入首节套管

（2）下放时，采用全站仪对钢套管外侧进行垂直度监测。当发生套管倾斜时，立即停止作业，采用取土回填并将套管重新拔起后再次下放。如底部出现不明障碍物使套管倾斜，则采用冲击锤将障碍物破除后再进行套管纠偏处理。

（3）首节套管固定后，进行平面位置及垂直度复测，确保套管对位准确、管身垂直；随后，采用吊车配合冲抓斗抓取套管内土体，提升冲抓斗至距离土面 4～5m，通过吊车脱钩功能使抓斗迅速下落，利用抓斗的自重和冲力贯入地层内，再提升吊索使抓斗头部夹片回扣夹紧土体提出管外，见图 2.1-21、图 2.1-22。

图 2.1-21　冲抓斗抓取套管内土体提出管外（一）

（4）冲抓下沉钢套管过程中，遇到预应力管桩旧基础，直接抓取拔出处理，具体见图 2.1-22。

图 2.1-22　冲抓斗抓取套管内土体提出管外（二）

（5）冲抓作业时，吊车手注意观察抓斗钢丝绳的下放距离，计算土面至套管底的距离不得小于 1.5 倍管径；否则，可能出现超挖的情况，导致套管底部下方土层塌孔。现场一边冲抓取土，一边采用挖掘机配合渣土清运出场，防止泥土堆积过多，保持现场文明施工。

（6）完成首节套管内土体抓取后进行套管接长，使用螺旋锁扣件连接，套管之间设置定位销，使套管准确对位，套管对接后使用六角扳手扭紧承托环，锁紧套管完成对接，具体见图 2.1-23。

（7）完成第二节钢套管压入后，继续用抓斗冲抓取土，重复以上抓土、接长下入钢套管等步骤，直至将套管压入岩层顶面。

（8）在桥墩基础和桥面下附近施工时，注意净空高度和对邻近基础的影响；采用套管超前支护钻进，并使用短节套管，严密监控吊装高度，做好各项保护措施。具体施工见图 2.1-24。

图 2.1-23　钢套管接长

图 2.1-24　邻近桥墩全回转施工

5. 全回转钻机移位、RCD 钻机吊装就位

（1）全回转钻机吊离桩孔，移位后桩孔见图 2.1-25。

（2）将 RCD 钻机吊运放置于桩位正上方，钻机中心与桩位中心重合，见图 2.1-26。

图 2.1-25　全回转钻机移位后桩孔

图 2.1-26　吊运安装 RCD 钻机

6. RCD 钻机全断面破岩钻进

（1）启动空压机，在钻头中通入压缩空气；开动钻机回转钻进，钻机利用动力头提供的液压动力带动钻杆及钻头旋转，依靠钻头底部的球齿合金滚刀与岩石研磨钻进，高压空气在孔内形成负压，泥浆及破碎岩屑经由中空钻杆从孔底携带至孔口设置的泥浆沉淀箱，

图 2.1-27　RCD 钻机入岩钻进

经浆渣分离后泥浆流回至孔内再循环，见图 2.1-27。

（2）钻进时，保持钻孔平台水平，以保证凿岩钻进桩孔垂直度。

（3）破岩过程接长钻杆时，先停止钻进，将钻具提离孔底 15～20cm，维持冲洗循环 10min 以上，以完全除净孔底钻渣并将管道内泥浆携带的岩屑排净，再停机进行钻杆接长操作；钻杆连接螺栓时拧紧并检查密封圈，以防钻杆接头漏水、漏气，使反循环清渣无法正常进行。钻杆接长见图 2.1-28。

图 2.1-28　RCD 钻机钻杆接长

（4）破岩钻进过程中，观察进尺和排渣情况，钻孔深度可通过钻杆长度进行测算，因此每次钻杆接长都要求详细记录钻杆长度，并通过排出的碎屑岩样判断入岩地层情况。

（5）钻进过程连续操作，不宜中途长时间停止，尽可能缩短成孔时间；因故停止钻进时，严禁将钻头留于孔内。

7. 终孔后 RCD 钻机移位

（1）当 RCD 钻机完成入岩钻进至设计桩底标高时，对钻孔进行终孔检验，包括孔深、持力层、垂直度等。

（2）终孔验收合格后，吊移 RCD 钻机。

8. 吊放钢筋笼

（1）钢筋笼在加工厂制作完成后进行隐蔽验收，合格后入孔安放。钢筋笼制作见图 2.1-29。

（2）采用吊车吊运钢筋笼，钢筋笼入孔后将其扶正缓慢下放，下放过程中严禁笼体碰撞孔壁。

图 2.1-29 钢筋笼制作

（3）下放至笼体上端最后一道加强箍筋接近套管顶口时，使用 2 根型钢穿过加强筋的下方，将钢筋笼钩挂于套管上，进行孔口接长操作。

（4）完成钢筋笼孔口接长后，继续吊放笼体至孔底并固定，具体见图 2.1-30。

图 2.1-30 钢筋笼吊装及固定

9. 全回转钻机吊装就位

（1）重新将全回转钻机放置于孔位平台上，使钻机中心与平台中心、桩中心重合。

（2）完成全回转钻机就位后，准备进行桩身混凝土灌注。全回转钻机吊装就位见图 2.1-31。

图 2.1-31 全回转钻机吊装就位

10. 安放灌注导管及二次清孔

（1）灌注桩身混凝土前，对灌注导管进行水密测试；导管测试合格后，采用分节吊放入孔，具体见图 2.1-32。

（2）二次清孔在完成钢筋笼吊放及灌注导管安装后进行，二次清孔采用气举反循环法；清孔过程中，及时向孔内补充泥浆，始终维持孔内水头高度。气举反循环二次清孔现场见图 2.1-33。

图 2.1-32　下放灌注导管

图 2.1-33　气举反循环二次清孔现场

图 2.1-34　装配式净化系统对泥浆进行固液分离

（3）二次清孔排出沉渣经过装配式三级净化系统进行固液分离，沉渣经分筛后流入沉淀池内，净化后的泥浆再次回流至孔内循环使用。装配式净化系统对泥浆进行固液分离见图 2.1-34。

11. 全回转钻机灌注桩身混凝土及起拔护壁套管

（1）完成清孔后，立即报监理工程师复测沉淀厚度；达到要求后，随即拆除清孔装置，吊装孔口灌注料斗，准备进行桩身混凝土浇灌。吊放初灌料斗见图 2.1-35。

图 2.1-35　吊放初灌料斗

（2）采用混凝土泵车输送混凝土进行灌注，初灌完成后，直接采用向灌注导管泵入混凝土的方式进行灌注，具体见图 2.1-36。

图 2.1-36　桩身混凝土泵车灌注

（3）每灌入一斗混凝土后即时测量孔深，测算混凝土面上升高度和导管埋深，保证套管在混凝土中的埋置深度不小于 2m。混凝土灌注面超过管底 8m 后，采用全回转钻机起拔套管。在套管拔出前，再次进行混凝土面测算，确认拆除套管后灌注导管埋深 2～6m 范围内则进行起拔，起拔护壁套管见图 2.1-37。

图 2.1-37　起拔护壁套管

（4）每一节套管完成整体拔除出孔后，采用吊车运离孔口至地面指定位置集中堆放，具体见图 2.1-38。

（5）完成桩身混凝土灌注后，吊离全回转钻机及孔口平台，并及时采取孔口围护措施。

2.1.8　材料与设备

1. 材料

本工艺所用材料主要为钢板、套管、钢筋、混凝土等。

2. 设备

本工艺现场施工主要机械设备配置见表 2.1-1。

图 2.1-38　护壁套管集中堆放

主要机械设备配置表　　　　　　　　　　表 2.1-1

名称	型号	技术参数	备注
全套管全回转钻机	JAR260H	钻孔直径 1200～2600mm,孔深 80m,回转扭矩 5292kN·m	钻进成孔、配合灌注桩身混凝土、起拔护壁套管
RCD 气举反循环钻机	JRD300	钻孔直径 3000mm,发动机功率 345kW,最大转速扭矩 145kN·m	钻进入岩成孔
双螺杆式空气压缩机	WBS-132A	排气压力 1.2MPa,流量 20m³/min,2950mm(长)×1560mm(宽)×1820mm(高)	RCD 钻机反循环钻进
泥浆净化器	自制	分为第一级净化分离仓、第二级沉淀循环箱和第三级循环箱	配合 RCD 钻机入岩钻进泥浆循环出渣、二次清孔
履带起重机	SCC550E	额定起重量 55t,额定功率 132kW	吊装作业
二氧化碳气体保护焊机	NBC-350A	额定电流 35A,额定电压 31.5V	制作孔口平台、钢筋笼等
全站仪	iM-52	测距精度 1.5+2ppm	桩位测放、垂直度检测等
挖掘机	PC200-8	额定功率 110kW	平整、渣土转运、清理
钢筋切断机	GQ40	电机功率 3kW	钢筋制作笼
剥肋滚压直螺纹机	GHG40	主电机功率 4kW	钢筋制作笼

2.1.9　质量控制

1. 孔口平台制作与吊装

(1) 焊接材料品种、规格、性能等符合现行国家产品标准和设计要求。

(2) 采用与钢材相匹配的电焊条,以满焊方式连接,焊接前清除铁锈、油污、水汽等杂物,焊缝长度、高度、宽度按照相关标准要求施工。

(3) 孔口平台吊点对称设置,轻缓吊放,以免造成碰撞或由于起吊导致出现变形,而影响后续桩孔钻进的成孔质量。

(4) 孔口平台吊放于压实平整的场地上,保证整体稳固,并保持中心点与桩位中心重合,偏差不得大于 50mm。

2. 全套管全回转钻进成孔

(1) 测量人员测放桩位中心点,以全回转钻机底盘中心对准桩位中心点后,再次测量复核,复核结果满足要求后方可进行施工。

(2) 全回转钻机施工时,采用自动调节装置调整钻机水平,并在钻机旁安置铅垂线或全站仪进行护壁套管垂直度监测及校正,保证成孔垂直度满足设计及相关规范要求。

(3) 全回转钻机钻进成孔时,安排专人记录成孔深度,并根据成孔深度及时连接下一节套管,保证套管深度比当前成孔取土深度长不小于 2m。

(4) 钢套管采用螺栓连接,连接采用初拧、复拧两种方式,保证连接牢固。

3. RCD 入岩钻进成孔

(1) 吊装 RCD 钻机就位,确保钻头中心与桩孔位置及孔口平台中心保持一致,采用十字线交叉法校核对中情况,并通过全站仪复核。

(2) 严格按照 RCD 钻机规程操作,入岩成孔过程中随时观测钻杆垂直度,发现偏差及时调整。

（3）RCD钻进破岩过程中，采用优质泥浆护壁，钻进过程中保证管路持续畅通。

（4）接长钻杆时牢固对接，以防钻杆因受较大外力导致垂直度不能满足成孔要求。

（5）采用RCD钻机累计破岩深度超过5m后，提起钻头观察球齿滚刀是否存在磨损严重的情况；有损坏的，则及时换用新的球齿滚刀，保证后续破岩钻进工效。

4. 钢筋笼制安及混凝土灌注

（1）吊装钢筋笼前对全长笼体进行检查，检查内容包括长度、直径、焊点是否变形等，完成检查后方可进行吊装操作。

（2）钢筋笼采用"双钩多点"方式缓慢起吊，吊运时防止扭转、弯曲，严防钢筋笼由于起吊操作不当导致变形。

（3）桩孔验收后，进行钢筋笼安装作业，采取套管口穿杠固定方式保证钢筋笼准确吊装于桩孔内设计标高位置处；吊装过程注意缓慢操作，避免碰撞钩挂套管。

（4）利用导管灌注桩身混凝土，导管底口距混凝土表面的高度始终保持在2~6m范围内。

（5）桩身混凝土连续灌注施工，始终保持孔内套管在混凝土中的埋置深度不小于2m。

（6）混凝土实际灌注标高满足设计超灌要求，确保桩顶混凝土质量。

2.1.10　安全措施

1. 孔口平台制作与吊装

（1）孔口平台的焊接作业人员按要求佩戴专门的防护用具（如防护罩、护目镜等），并根据相关操作规程进行焊接操作。

（2）施焊场地周围清除易燃易爆物品或进行覆盖、隔离，并在施焊作业旁配备灭火器材。

（3）设置专门司索信号工指挥吊装孔口平台，作业过程中无关人员撤离影响半径范围，吊装区域设置安全隔离带。

2. 全套管全回转钻进成孔

（1）冲抓斗在指定地点甩土时做好警示隔离，无关人员禁止进入。

（2）在全回转钻机上作业时，钻机平台四周设置安全防护栏，无关人员严禁登机。

3. RCD入岩钻进成孔

（1）RCD钻头旋转破岩作业时，严禁提升钻杆。

（2）RCD钻机施工前认真检查其与净化装置之间的泥浆管连接情况，防止破岩钻进泥浆循环时产生的超大压力导致泥浆管松脱。

2.2　岩溶发育区灌注桩全回转成桩综合施工技术

2.2.1　引言

岩溶发育区地质结构极其复杂，溶洞、裂隙普遍发育。溶洞一般有单个、多层（串珠状）溶洞，有小溶洞（洞高≤3m）、大溶洞（洞高＞3m），有全充填、半充填、无充填溶洞；裂隙发育表现为溶沟、溶槽、石笋、石芽，具体特征为岩面倾斜较大。在岩溶发育区施工灌注桩，一般采用冲击钻进和旋挖钻进成孔工艺，成孔过程中，由于岩面倾斜常造成钻头受力不均匀，易出现斜孔、卡钻、掉钻等问题，冲击钻进需反复回填块石、黏土进行纠偏，旋挖钻进则需采用灌注混凝土的方式处理偏孔，造成钻进成孔工序复杂；而当遇到溶洞尤其是无充填的大溶洞时，易发生泥浆渗漏、垮孔，严重时甚至造成地面塌陷；另外，针对孔底沉渣控制的问题，使用常规捞渣斗难以使孔底沉渣厚度满足设计和规范要求，也对清孔工艺提出了更高的技术要求；而针对桩身混凝土灌注，混凝土易沿溶洞发生充填，往往造成混凝土超灌量大。以上这些问题，使得在岩溶发育区灌注桩成孔、成桩质量难以控制，同时存在较大的安全隐患。

针对场地处于岩溶发育区存在的灌注桩成孔速度慢、孔底沉渣难以控制、混凝土超灌量大等问题，综合项目实际条件及施工特点，项目课题组对"岩溶发育区灌注桩全套管全回转成桩综合配套施工工艺"进行了研究，采用全套管全回转钻机进行成孔施工，针对孔底沉渣控制难点，提出在套管内采用气举反循环的清渣桶一次清孔、清渣头二次悬浮沉渣清孔工艺；并对混凝土超灌控制难点，通过在钢筋笼外侧包裹镀锌钢丝网及尼龙网实现有效隔离，达到方便快捷、高效经济、质量可靠的效果。

2.2.2　工艺特点

1. 钻进效率高

本工艺针对岩溶发育区的特点，采用全套管全回转钻机成孔，一次性解决钻孔护壁、溶洞漏浆、钻孔垂直度、斜岩处理等关键技术难题，无需反复进行处理，钻进成孔效率高。

2. 成桩质量好

本工艺采用全套管全回转钻机钻进，全孔钢套管护壁，确保了溶洞段不漏浆，钻孔垂直度控制好，有效避免了斜孔、泥浆渗漏等问题；采用的一次清孔清渣桶和二次清孔清渣头，有效保证了孔底沉渣厚度满足设计要求；钢筋笼采用双套网结构，有效解决溶洞段套管起拔后灌注混凝土扩散流失的问题，成桩质量得到保证。

3. 综合成本低

本工艺采用全套管全回转进工艺，成孔效率高，节省了大量溶洞处理时间，保证了工期；同时，采用一次清孔清渣桶和二次清孔清渣头，操作中无需使用大型清孔设备，产生泥浆量少，清孔时间短；钢筋笼双套管结构有效控制了灌注混凝土的扩散流失，节省了大量的材料浪费，总体施工综合成本低。

2.2.3　适用范围

适用于岩溶发育区灌注桩钻进成孔及灌注成桩施工；适用于溶洞高度大于 3m、无充填、串珠溶洞的灌注桩施工。

2.2.4　工艺原理

本工艺所述的岩溶发育区灌注桩成桩综合配套施工方法，关键技术主要包括以下三个部分，一是采用全套管全回转钻进成孔，以全护筒护壁，避免溶洞漏失对成孔的影响；二是针对孔底沉渣控制，采用"全套管全回转灌注桩套管内气举反循环清孔施工工艺"，即在常规气举反循环清孔的基础上，采用一种在套管内进行清渣桶一次清孔捞渣和清渣头二次清孔悬浮沉渣的方法；三是结合自主研发的"喀斯特无充填溶洞全回转钻进灌注桩钢筋笼双套网综合成桩施工工艺"，即通过在钢筋笼外侧安装钢丝网、密目尼龙网的双套网结构，在护筒起拔后能有效阻挡混凝土的扩散，确保桩身混凝土的有限超灌量，保证桩身质量。

1. 全套管全回转钻进

全套管全回转钻进是利用钻机具有的强大扭矩驱动钢套管钻进，利用套管底部的高强刀头对土体进行切割，并利用全回转钻机下压功能将套管压入地层；同时，采用冲抓斗将套管内的渣土挖掘掏出，并始终保持套管底超出开挖面；这样，套管既钻进压入土层，也成为钢护筒全过程护壁，有效阻隔了钻孔过程中溶洞的影响；同时，由于套管壁厚刚性好，钻进时垂直度控制良好。

当钻进至溶洞顶岩面时，采用冲击与冲抓相结合的取土工艺，即采用冲锤在套管内冲击碎岩，并采用冲抓斗捞渣；反复冲击破碎修孔，并采用钻机回转钻进直至套管下入桩端持力层。

成孔完成后，进行终孔验收，满足要求后进行一次清渣桶清孔，安装钢筋笼、灌注导管后，采用气举反循环清渣头二次清孔，最后灌注混凝土成桩；灌注桩身混凝土的过程中，利用全回转钻机巨大的起拔力，将钢套管分段拔出。

全套管全回转工艺原理见图 2.2-1～图 2.2-8。

图 2.2-1　钻机就位、套管吊装　　图 2.2-2　回转钻机、下压套管　　图 2.2-3　冲抓斗抓取套管内渣土

2. 套管内气举反循环清渣桶一次清孔

（1）工艺原理

一次清孔在全回转钻进至设计桩底标高后进行，清孔时将接有高压风管的清渣桶吊入孔底上方附近；开启空压机，将高压空气送入孔底与孔底处的泥浆混合，其重度小于孔内泥浆重度，使套管内外泥浆产生重度差，在清渣桶底附近形成低压区，连续送气使内外压差不断增大；当达到一定的压力差后，气液混合体沿清渣桶与套管间的间隙上升流动，由于上返未形成封闭空间，在上返一定高度后气液失去进一步动能，则下降至清渣桶内和孔

图 2.2-4　套管扣接驳加长

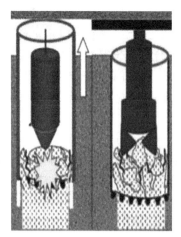

图 2.2-5　冲锤破岩、冲抓斗掏渣

图 2.2-6　全套管钻进至设计深度

图 2.2-7　套管内灌注桩身混凝土

图 2.2-8　钻机起拔护壁套管

底，部分沉渣堆积在清渣桶内，这样就形成了套管内气举反循环式清孔方式。

孔内泥浆携带孔底沉渣在套管进行气举反循环，沉渣不断落入清渣桶内，气举反循环每次运行约 15min 后，间歇停止 15min，再将清渣桶提出孔口倾倒出渣；经过多次清孔、存渣、倒渣循环操作，直至将孔底沉渣清除干净。清渣桶一次清孔原理图见图 2.2-9，现场操作见图 2.2-10。

（2）清渣桶结构

清渣桶由铸钢制造，高 1300mm，外径 900mm，桶壁厚 25mm；桶底设有两根直径为 25mm、20mm 钢制高风压管，两根高风压管与桶底对应大小的孔口焊接，均高出桶身20cm，高压风管在管口处设置与空压机气管连接的螺纹连接头；在清渣桶桶口横梁处切割出一个圆孔，根据桶身质量（0.7t）选择 WLL 12T 卸扣从此孔穿过，与清渣桶连接在一起，形成起吊环装置；在清渣桶桶身外侧壁焊接圆环，圆环外径 6cm，内径 3cm，圆环焊接位置在距桶底约 20cm 处，使用 WLL 6.5T 卸扣从圆孔中穿过，形成倾吊环装置。

清渣桶结构与使用见图 2.2-11、图 2.2-12。

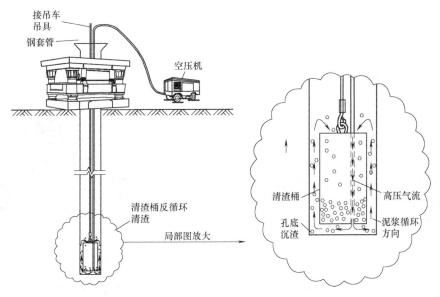

图 2.2-9 气举反循环清渣桶一次清孔原理图

图 2.2-10 气举反循环清渣桶一次清孔现场操作

3. 清渣头悬浮沉渣二次清孔

（1）工艺原理

钢筋笼、灌注导管安放就位后，在灌注桩身混凝土前，再次测量孔底沉渣厚度，如测量的沉渣厚度超过设计要求，则按规范要求必须进行二次清孔。本工艺所述的二次清孔方法，是将接有高压风管的清渣头通过灌注导管下放至孔底附近，启动空压机形成套管内气举反循环（原理同上述一次清孔），循环泥浆将沉淀在孔底的沉渣在套管内悬浮，当沉渣完全悬浮彻底后，迅速灌注桩身混凝土成桩。

在采用清渣桶气举套管内循环一次清孔满足要求的情况下，二次清渣头的清孔主要是将孔底的沉渣通过气举反循环的方式，达到沉渣悬浮的效果，完全能满足施工技术要求。全套管全回转气举内循环清渣头二次清孔工艺原理见图 2.2-13。

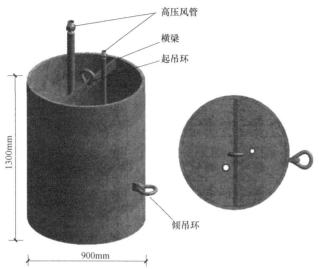

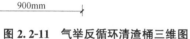

图 2.2-11　气举反循环清渣桶三维图

图 2.2-12　使用吊环倾倒泥浆

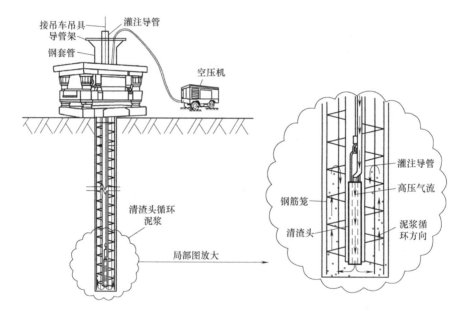

图 2.2-13　全套管全回转气举内循环清渣头二次清孔工艺原理图

（2）清渣头结构

清渣头由铸铁制成，为实体高度 1200mm、外径 180mm、壁厚 50mm 的中空结构，中空洞内径 80mm。顶部与高压气管接头焊接，并设置起吊环，中空洞作为风管的延续，将高风压送至孔底。气举内循环清渣头结构见图 2.2-14，气举内循环清渣头实物见图 2.2-15，清渣头吊放入灌注导管见图 2.2-16。

4. 钢筋笼外侧安装双套网

（1）工艺原理

由于溶洞的分布，在灌注桩身混凝土时，尽管混凝土可通过添加速凝剂减缓其流动扩散，但水下混凝土具备一定的坍落度，灌注时混凝土在溶洞段将向外扩散。为避免护壁套管起拔后，桩身灌注混凝土的快速流失，本工艺采用在钻孔溶洞分布段桩身钢筋笼外侧，设置专门的镀锌钢丝网和尼龙网两层结构，以有效减缓混凝土的快速扩散，减少混凝土的流失。

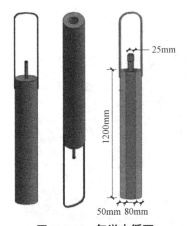

图 2.2-14 气举内循环
清渣头结构

图 2.2-15 气举内循环
清渣头实物

图 2.2-16 清渣头
吊入灌注导管

（2）镀锌钢丝网

钢筋笼制作完成后，根据成孔显示的溶洞顶、底埋深，按溶洞顶向上、溶洞底向下各延伸 1m，安装镀锌钢丝网，以确保阻隔混凝土扩散的有效性。钢筋笼安装镀锌钢丝网见图 2.2-17。

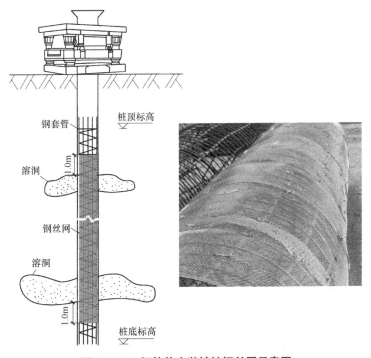

图 2.2-17 钢筋笼安装镀锌钢丝网示意图

镀锌钢丝网选用优质低碳钢丝，其通过精密的自动化机械技术电焊热镀锌加工制成，网面平滑整齐，结构坚固均匀，整体性能好；同时，钢丝网具有良好的柔韧性和可塑性，即使镀锌钢丝网被局部裁截或局部承受压力也不致发生脱焊现象，依然可以有效阻挡混凝土扩散；另外，镀锌后钢丝网耐腐蚀性好、安全性高、耐久性强，满足其成为桩身混凝土内的材料要求。本工艺选用热镀锌钢丝网，网孔菱形状，丝径0.9mm。镀锌钢丝网实物图与尺寸标识见图 2.2-18、图 2.2-19。镀锌钢丝网采用 20 号

图 2.2-18　镀锌钢丝网实物图

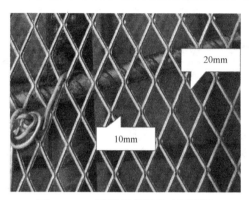

图 2.2-19　镀锌钢丝网尺寸标识图

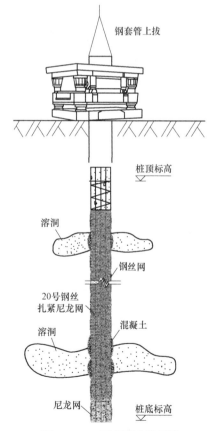

图 2.2-20　尼龙网安装及灌注混凝土效果示意图

钢丝直接绑扎在钢筋笼上，以梅花式绑扎，横向和竖向搭接处覆盖 20cm。

（3）尼龙密目网

钢筋笼安装镀锌钢丝网能有效减少溶洞段混凝土粗粒碎石向钢筋笼外侧扩散，但水泥浆、砂等细粒径材料容易外流，造成混凝土离析。为此，在镀锌钢丝网外侧加设一层密目尼龙网，以进一步阻隔混凝土向钢筋笼外侧流动，保证钢筋笼内混凝土的整体性和桩身完整性。

密目尼龙网材质为 HDPE 高密度聚乙烯，网目密度为 2000 目/100cm²，具有韧性高、弹性好、耐腐蚀等优点。尼龙网安装采用兜底法包裹钢筋笼和镀锌钢丝网，并采用钢丝按 2m 间距，将尼龙网固定在镀锌钢丝网上，尼龙网的安装长度为钢筋笼底至镀锌钢丝网顶端齐平。尼龙网安装及灌注混凝土效果示意见图 2.2-20，现场安装见图 2.2-21、图 2.2-22。

2.2.5　施工工艺流程

岩溶发育区灌注桩全套管全回转成桩综合配套施工工艺流程见图 2.2-23。

图 2.2-21 钢筋笼镀锌钢丝网外侧安装密目网

图 2.2-22 密目网安装

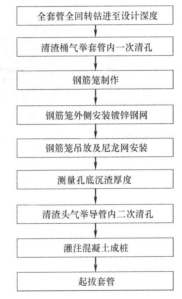

图 2.2-23 岩溶发育区灌注桩全套管全回转成桩综合配套施工工艺流程图

2.2.6 工序操作要点

以深圳龙岗区新霖荟邑项目桩基础工程为例，桩径 1.0m，桩数 580 根，场地处于岩溶发育区。

1. 全套管全回转钻进至设计深度

(1) 采用景安重工 JAR260H 全回转钻机与特制钢套管，套管直径 ϕ1000mm，配套 120 型履带起重机、220 型挖掘机等。全套管全回转钻机及配套设备见图 2.2-24、全回转套管及合金管靴见图 2.2-25。

(2) 使用全套管全回转钻机与专门配备的液压动力站，将带有特制刀头的钢套管回转切入，同时使用冲抓斗反复抓取掏出套管内的土层；遇块石、孤石或硬质夹层时，使用十字冲锤冲石后，再使用冲抓斗进行抓取。全套管全回转抓斗取土见图 2.2-26，十字冲锤见图 2.2-27，套管内抓取的灰岩和溶洞内填充物见图 2.2-28。

图 2.2-24　全套管全回转钻机及配套设备

图 2.2-25　全回转套管及合金管靴

图 2.2-26　全套管全回转钻进冲抓取土　　　　　　图 2.2-27　十字冲锤

  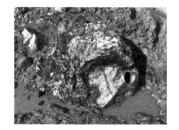

图 2.2-28　套管内抓取的灰岩和溶洞内填充物

（3）抓斗取土时，需保证套管超过成孔深度 2m 左右。当每节套管压入桩孔内在钻机平台上剩余 50cm 时，及时接入下一节套管，以满足成孔需求。套管吊装孔口连接见图 2.2-29。

（4）使用抓斗反复取土与全套管全回转旋挖切入，直至达到设计持力岩层上方附近，采用十字冲锤冲碎岩层后，使用抓斗抓取岩样并与勘察、设计、监理等单位进行入岩判定。

（5）完成岩层判定后，继续使用十字冲锤对岩层进行破碎，直至达到设计深度，并与监理、业主等单位进行终孔验收。

（6）终孔验收后，使用捞渣斗进行孔内捞渣。

图 2.2-29　套管吊装孔口连接

2. 清渣桶气举套管内一次清孔

（1）捞斗捞渣后，孔底仍会存在沉渣，此时采用清渣桶捞渣法进行一次清孔。

（2）进行气举反循环清孔时，根据孔深、空压机容量选择清渣桶高压风管。当孔深小于 50m 时，选择清渣桶直径为 20mm 的高压风管；当孔深大于 50m 时，则选择清渣桶直径 25mm 高压风管。

（3）空压机气管与清渣桶高压风管连接完毕后开启空压机，观察空压机气管有无渗漏、异常声响，如发生异常立即停机检查维修，如无异常则将清渣桶吊入套管内。清渣桶高压风管与空压机气管连接见图 2.2-30，清渣桶与钢丝绳连接起吊见图 2.2-31。

（4）采用吊车将清渣桶慢慢下放至套管内，先将清渣桶放至孔底，并记录入孔深度，再将清渣桶上提 50cm 左右，启动空压机开始清渣。清渣桶吊放入孔，见图 2.2-32。

图 2.2-30　清渣桶风管连接

图 2.2-31　清渣桶起吊

图 2.2-32　清渣桶吊放入孔

（5）选用排气量 12.5m³/min、排气压力 1.0MPa 的 KSDY-12.5/10 空压机与清渣桶连接进行套管内反循环，循环过程注意套管内反循环情况，根据泥浆上涌及时增大或减小气压。清孔空压机见图 2.2-33。

（6）采用清渣桶清渣时，派专人观察套管内气举循环状况。当套管内泥浆较少时，及时加清水入套管内，保持套管内泥浆液面位置不低于套管总长的 1/3，保证套管内正常循环；清渣桶气举反循环 15min 后间歇，待桶内沉渣沉淀 15min 后，吊出清渣桶并倒出桶内沉渣。套管内气举反循环观察监控见图 2.2-34，清渣桶提升出孔口并吊至指定地点见图 2.2-35，倾倒清渣桶沉渣见图 2.2-36。

图 2.2-33　清孔空压机

图 2.2-34　套管内气举反循环观察监控

图 2.2-35　清渣桶提升出孔口并吊至指定地点

图 2.2-36　清渣桶倾倒桶内沉渣

（7）倾倒沉渣完毕后，使用清水清洗清渣桶后再次吊入套管内，反复在套管内进行反循环清渣，至清渣桶内基本无沉渣。清洗清渣桶见图 2.2-37。

3. 钢筋笼制作

（1）根据超前钻孔资料及设计要求，提前制作好钢筋笼底笼，为便于吊装，底笼长度 24m。根据实际成孔深度确定钢筋笼总长度后制作剩余钢筋笼，钢筋笼制作完毕后由监理、业主进行质量验收，合格后安装镀锌钢丝网。钢筋笼制作见图 2.2-38。

（2）钢筋笼底笼底部采用钢筋焊接成井字形，初灌混凝土可完全覆盖底部网状结构，有效防止灌注混凝土时的钢筋笼上浮现象。钢筋笼底部防止上浮井字形结构见图 2.2-39。

图 2.2-37　清水清洗清渣桶

图 2.2-38　钢筋笼制作

图 2.2-39　钢筋笼底部防止上浮井字形结构

（3）为防止钢筋笼在套管起拔时被挂住带起上浮，在钢筋笼体分段设置混凝土保护层垫块，每层 3 块，确保钢筋笼居中安放。钢筋笼安装垫块与垫块实物见图 2.2-40。

4. 钢筋笼外侧安装镀锌钢丝网

（1）镀锌钢丝网制作时，采用电动剪根据需要裁剪。

图 2.2-40 钢筋笼安装垫块与垫块实物

（2）钢筋笼验收合格后，根据实际成孔溶洞分布情况，计算出所需安装镀锌钢丝网长度在钢筋笼外侧进行安装，现场采用 20 号钢丝将钢丝网固定，以梅花形点状绑扎。

（3）钢丝网分段搭接处采用重叠安装，重叠不少于 20cm，见图 2.2-41。对于现场揭示无充填的大溶洞，根据现场实际经验，可采用双层钢丝网结构，最大限度地减少混凝土扩散至溶洞。双层钢丝网安装设置见图 2.2-42。

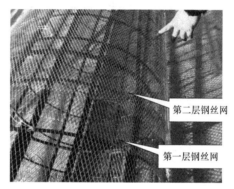

图 2.2-41 镀锌钢丝网重叠搭设　　　　**图 2.2-42 溶洞段钢筋笼安装双层钢丝网**

5. 钢筋笼吊放及尼龙网安装

（1）钢筋笼制作完成后，采用吊车吊放，见图 2.2-43；钢筋笼吊钩位置处采用开口设置，并预留封口镀锌钢丝网，待吊钩卸除后封闭，避免钢丝网缺失，见图 2.2-44。

图 2.2-43 钢筋笼吊放　　　　　　　**图 2.2-44 钢筋笼吊钩处设置**

（2）钢筋笼吊放入孔之前，根据实际成孔深度计算密目尼龙网安装长度，并剪裁出所需尼龙网套在套管孔口；尼龙网采用兜住钢筋笼底同步全程包裹设置，网间通过穿钢丝线连接密封，孔口尼龙网铺设见图 2.2-45。

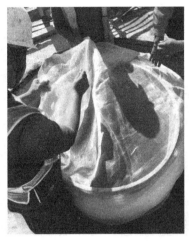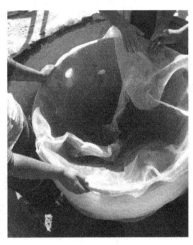

图 2.2-45　孔口尼龙网铺设

（3）将钢筋笼吊放至套管内，下放笼体的同时伴随尼龙网同步下入桩孔；钢筋笼下放至吊钩处时，采用吊车辅助作业将吊钩卸除，并恢复吊钩处钢丝网覆盖、密封，避免出现漏洞造成混凝土漏失。钢筋笼吊钩处恢复钢丝网见图 2.2-46。

图 2.2-46　钢筋笼套管内下放至吊钩处卸钩恢复钢丝网

（4）钢筋笼在套管内持续下放，尼龙网连续包裹钢丝网，直至下放到镀锌钢丝网顶端位置后停止，并用钢丝将尼龙网四周绑扎在钢筋笼上。钢筋笼顶部尼龙网绑扎固定见图 2.2-47。

（5）密目网上部套口扎紧后将钢筋笼缓慢向上提起，每隔 2m 采用钢丝将密目网四周绑扎在钢筋笼上，并观察钢筋笼底部的包裹情况；有多节钢筋笼时，预留出钢筋连接处不安装镀锌钢丝网，在钢筋笼搭接完成后再安装，全部钢筋笼吊放并安装尼龙网后，再将钢筋笼下放至桩底。钢

图 2.2-47　尼龙网固定在
钢筋笼上套口

筋笼上每隔 2m 用钢丝绑扎固定尼龙网，具体见图 2.2-48，钢筋笼底部检查尼龙网包裹情况见图 2.2-49。

（6）钢筋笼吊放至孔底后，安放灌注导管，采用直径 ϕ300mm 导管，下放至距离孔底 30～50cm 位置。灌注导管孔口安装见图 2.2-50。

图 2.2-48　尼龙网钢丝绑扎固定　图 2.2-49　钢筋笼底部尼龙网包裹　图 2.2-50　灌注导管孔口安装

6. 测量孔底沉渣厚度

（1）导管下放完毕，混凝土罐车到达现场后，再次采用测绳测量桩孔孔底沉渣厚度，确定是否满足设计要求。

（2）若沉渣厚度满足要求，上报监理下达灌注令；若沉渣厚度不满足要求，则采用气举反循环清渣头进行二次清孔。

7. 清渣头气举导管内二次清孔

（1）清渣头二次清孔的作用是将孔底沉渣悬浮，操作时将清渣头的高压风管口与空压机气管连接，采用吊车将清渣头放入灌注导管内直至孔底位置，然后上提 30～50cm。

（2）开启空压机，开始套管内泥浆气举反循环；泥浆循环过程中，派专人在操作平台上观察套管内泥浆循环情况；循环期间，可上下移动清渣头的位置，确保清渣悬浮效果。

（3）在二次清孔约 10～15min 后，关闭空压机，将测量绳放入孔底测量沉渣厚度。孔底沉渣厚度满足要求后，将清渣头起吊出孔，并立即灌注桩身混凝土。

清渣头安装见图 2.2-51，清渣头吊入灌注导管见图 2.2-52，清渣头循环完毕吊出导管见图 2.2-53。

8. 灌注混凝土成桩

（1）孔底沉渣厚度满足要求后，快速完成孔口灌注斗安装，立即开始灌注混凝土，最大限度地缩短准备时间。

（2）为避免钢筋笼安装钢丝网后，混凝土粗骨料被钢丝网阻挡造成混凝土离析，搅拌站严格按照配合比配制混凝土，控制好细石粗骨料的用量和粒径，现场对每罐车混凝土进行检查，保证灌注成桩质量。

（3）采用强度等级 C35、坍落度 180～220mm、抗渗等级 P8 的细石混凝土进行水下灌注，混凝土可适量添加速凝剂，减少混凝土流动。

（4）灌注混凝土采用料斗吊灌或泵车灌注，根据桩径及导管埋设深度采用 $3m^3$ 初灌斗，以确保初灌时混凝土面上升高度超过导管底部 0.8m 以上。灌注桩身混凝土见图 2.2-54。

图 2.2-51　清渣头安装

图 2.2-52　清渣头吊入导管

图 2.2-53　清渣头起吊

图 2.2-54　灌注桩身混凝土

（5）混凝土灌注时，注意控制混凝土灌注速度；尤其在溶洞分布段，采用慢速回顶灌注法，并定时观察、测量套管内混凝土面的上升高度。根据埋管深度及时拆管，确保灌注时导管埋深 2～4m，最大不超过 6m。

（6）混凝土灌注过程中，保持连续作业，防止堵管；灌注至桩顶标高时，超灌 80～100cm，以确保桩顶混凝土强度满足设计要求。

9. 起拔套管

（1）一边灌注混凝土一边拔出套管，在拔出每节套管后及时测量混凝土面高度，保证套管底端在混凝土面以下足够深度；尤其在溶洞分布段，套管底端在混凝土面以下埋置深度要求不小于 10m，避免混凝土在溶洞段渗漏而造成孔内灌注事故。

（2）起拔套管采用全套管全回转钻机自带的顶力起拔，并以吊车辅助，套管起拔见图 2.2-55。

吊车吊钩辅助起拔钢套管

钢套管上拔

油缸上拔钢套管

图 2.2-55　全套管全回转灌注起拔套管

2.2.7　材料与设备

1. 材料

本工艺所用材料、器具主要为卸扣、钢丝绳、钢套管、风管、镀锌钢丝网、尼龙网、钢丝等。

2. 设备

现场施工主要机械设备按单机配置，具体见表 2.2-1。

主要机械设备配置表

表 2.2-1

名称	型号	技术参数	备注
全回转钻机	JAR260H	最大钻孔直径 2.6m，最大回转扭矩 5292kN·m	钻进成孔
履带起重机	XGC100HD	最大额定起重量 100t，额定功率 298kW	套吊装
挖掘机	PC220	额定功率 125kW，铲斗容量 1m³	渣土外运
空气压缩机	KSDY-12.5/10	排气压力 1MPa，排气量 12.5m³/min	清孔
直流电焊机	ZX7 400GT	额定功率 18.2kVA	钢筋笼制作
冲抓斗	—	直径 1m	套管内冲抓钻进
十字冲锤	—	直径 1m	破碎

2.2.8　质量控制

1. 全套管全回转钻进成孔

（1）测量人员测放桩位中心点，以全回转钻机底盘对准桩位中心点后，再次进行测量复核，复核结果满足要求后进行钻进施工。

（2）全回转钻机施工时，采用自动调节装置调整钻机水平，并在钻机旁边安置铅垂线或经纬仪随时进行套管垂直度校正，保证成孔垂直度满足设计要求。

（3）全回转钻机钻进成孔时，由专人记录成孔深度并根据深度及时连接下一节套管，保证套管深度比当前成孔深度超前 2m。

（4）钢套管采用螺栓连接，连接采用初拧、复拧两种方式，保证连接牢固。

（5）遇孤石或地下障碍物时，采用十字冲锤破碎后再使用冲抓斗抓取，严禁使用冲抓斗破碎孤石。

2. 清渣桶套管内一次清孔

（1）成孔深度大于 50m 时，选择清渣桶直径 20mm 高压风管，成孔深度小于 50m 时，选择直径 25mm 高压风管。

（2）清渣桶高压气管连接空压机气管后开启空压机，观察空压机气管有无泄漏、异常声响，无异常方可将清渣桶吊入套管内进行清孔。

（3）清渣桶在套管内清孔时，由专人监控，根据反循环情况及时调整气压大小。

（4）套管内泥浆较少时及时加清水入套管内，保证套管内正常进行循环。

（5）清渣桶在套管内循环 15min 后间歇，静止沉淀 15min，再将沉渣倒出，倒出沉渣后用清水将清渣桶清洗干净。

（6）多次循环清渣、倒渣，直至倒出无沉渣后，再进行下一道工序。

3. 钢筋笼安装镀锌钢丝网

（1）根据现场实际成孔记录溶洞位置，计算所需钢丝网长度。

（2）根据现场实际成孔遇到溶洞大小，确定钢筋笼外侧安装一层或双层钢丝网。

（3）钢丝网在钢筋笼上安装时，采用钢丝进行梅花形点状绑扎，钢丝网重叠部分绑扎牢固。

（4）根据钢筋笼长度确定吊点后，钢丝网在吊点处进行开口设置，待钢筋笼下放至桩孔内卸除吊钩后进行封闭处理。

（5）钢筋笼有多节时，提前预留出钢筋笼对接区域不安装钢丝网，待钢筋笼在孔口处对接完毕后再安装钢丝网。

4. 钢筋笼安装尼龙网

（1）根据现场实际成孔记录溶洞位置，计算好所需尼龙网长度。

（2）钢筋笼准备吊放至桩孔时，提前在孔口安装好尼龙网，并用钢丝封闭好尼龙网口，待钢筋笼吊放至桩孔时采用兜底法安装尼龙网。

（3）钢筋笼下放至钢丝网顶端距离孔口 1m 时，将尼龙网用钢丝扎紧在钢筋笼上，扎紧完毕后提升钢筋笼，每隔 2m 使用钢丝将尼龙网在钢筋笼上扎紧。

5. 清渣头套管内二次清孔

（1）清渣头高压气管连接空压机气管后开启空压机，观察空压机气管有无泄漏、异常声响，无异常方可将清渣桶吊入套管内进行清孔。

（2）清渣头进行反循环过程可上下移动清渣头的位置，确保清渣效果。

（3）清渣头反循环约 5～10min 后，关闭空压机，将钢筋头下放至孔底测量沉渣厚度，沉渣厚度满足要求立即灌注混凝土。

6. 灌注桩身混凝土

（1）初灌混凝土量需满足导管埋深要求。

（2）灌注至桩孔溶洞段时，控制灌注速度，并定期测量套管内混凝土上升面，计算导管埋置深度，确保灌注导管埋深不小于10m，防止溶洞段扩散混凝土快速下降，造成断桩。

（3）套管起拔时，采用慢速间歇起拔，防止混凝土对钢丝网和尼龙网的瞬时压力过大。

2.2.9　安全措施

1. 全套管全回转钻进成孔

（1）现场全回转钻机用电由专业电工操作；电器严格接地、接零和使用漏电保护器，电缆、电线严禁拖地和埋压在土中，并设有防磨损、防潮、防断等保护措施。

（2）对全回转钻机操作人员、履带起重机、挖机等大型机械设备操作人员进行技术交底与专项培训后持证上岗。

（3）履带起重机吊装作业时，严禁无关人员在吊车施工半径内，吊装需由起重机司索工指挥方可起吊。

（4）冲抓斗在指定地点卸渣时，做好警示隔离，无关人员禁止进入堆土区。

（5）在全回转钻机上作业时，钻机平台四周设置安全防护栏，无关人员严禁登机。

（6）施工现场出现雷电、中雨及以上恶劣天气时，立即停止全回转钻进成孔、钢筋笼下放入孔、混凝土灌注等施工作业，并采用防雨布盖在桩孔上。

（7）对全回转钻机液压系统进行定期维护保养。

2. 钢筋笼包裹双套网

（1）钢筋笼外侧安装镀锌钢丝网在钢筋笼验收后进行，严禁边焊接螺旋筋边安装镀锌钢丝网。

（2）根据钢筋笼长度计算出吊点位置，在镀锌钢丝网上开口留出吊点，待钢筋笼下放后再安装镀锌钢丝网。

（3）镀锌钢丝网安装完毕后，由司索工指挥起吊。

（4）有多节钢筋笼在孔口焊接对接时，由专业焊工进行焊接操作；其他无关人员待焊接完毕后，再安装连接处镀锌钢丝网。

（5）尼龙网在钢筋笼吊装前在套管口安装好，严禁将钢筋笼吊装至孔口上方时再安装尼龙网。

（6）尼龙网跟随钢筋笼同步下放时，全程由司索工指挥操作。

第3章 基坑支护施工新技术

3.1 地下管涵基坑逆作法开挖支护与管线保护施工技术

3.1.1 引言

随着城市快速建设的推进，以及老旧城区的提升改造加速，在进行地下箱涵、管廊等基础设施建设过程中，面临最大的难题就是既有地下管网的处理和保护。老旧城区由于建设年代久远，加之过往对地下管网的管理不规范或缺失，对各类管线的分布缺乏系统、准确资料，后期建设前尽管会采取措施进一步查明地下管网的分布，但受技术手段的限制，经常会遇到未查明的隐藏各类管线，在基坑超前支护施工和开挖时不同程度造成管网的破坏，轻则引起断水、断电或断网，严重的甚至引发安全事故，造成难以估量的损失，给施工带来极大的困扰，严重影响项目施工进度。

针对上述问题，项目组对老旧城区地下管涵基坑逆作法开挖与管线保护施工技术进行了研究，对老旧城区可能存在不确定的未查明管线的基坑开挖，设计采用"逆作法开挖支护与管线综合保护"施工工艺，即通过人工和机械方式由上至下整体逐节、逐层开挖基坑，土方每开挖一节即浇筑混凝土支护，每支护三节设置一道横、竖向混凝土支撑，形成稳定的整体钢筋混凝土框架支护体系；当开挖遇到未查明的地下管线时，则采用人工清理开挖将管线完全暴露，根据管线类型和埋藏特点针对性地采取加固保护措施，再实施下层土方分节开挖与支护，确保基坑和管线的安全。本工艺通过多项工程实践，达到了安全可靠、缩短工期、节省成本的效果，取得了显著的社会效益和经济效益。

3.1.2 工程应用

1. 工程概况

布吉河流域综合治理工程"EPC＋O"（设计采购施工和管养一体化）位于深圳市龙岗区，治理范围为布吉河（龙岗段）和水径水、塘径水、大芬水三条支流，整治河道总长约 12.49km。项目主要建设内容包括：布吉河流域综合治理工程，水径水、塘径水和大芬水三条支流综合整治工程。该工程位于大芬水支流，起于大芬油画村，沿龙岗大道南侧人行道，止于大芬水和龙岗大道交汇处（海马家私），全长约 1143.588m。其中明挖段全长 499.588m，里程桩号范围为 FH0＋000～FH0＋238、FH0＋882～FH1＋143.588。分洪箱涵布沙路第二阶段全长 47m，里程 FH0＋140～FH0＋187，自东北向西南方向斜穿布沙路，与原河道交叉，开挖深度 9.95m，开挖宽度 7.6m，开挖区内地层为：素填土、砾质黏性土、全风化砂岩。布沙路明挖第二阶段范围内有多条管线穿过,其中包括给水管、高压电缆、通信管线。其中,有 3 条高压电力管线未探明,根据电力公司提供的信息电力管线处于绿化带之下,位置在基坑开挖范围之内。场地位置与管线平面图见图 3.1-1。

图 3.1-1 项目场地位置与管线平面图

2. 基坑支护设计

综合考虑本项目场地存在拖拉电力线、给水管线、通信线和管线分布的不确定性,为确保项目开挖的安全可靠,分洪箱涵第二阶段设计采用逆作法进行施工,开挖深度 9.95m,开挖宽度 7.6m。

按设计要求,先进行基坑护壁施工,护壁为 40cm 厚 C30 钢筋混凝土,每 1m 为一封闭环,遇地质较差时缩短进尺 0.5m,护壁井转角位置设加强钢筋,防止产生裂缝。基坑支撑共设 4 道,均采用 400mm×500mm 钢筋混凝土支撑,第一道支撑位于基坑口圈梁部位,水平间距 3m;基坑设护壁肋板将竖向支撑连接形成整体受力,护壁肋板尺寸为 300mm×300mm(厚度×宽度),第四道支撑位于箱涵结构底板底。

逆作法箱涵开挖支护设计平面布置见图 3.1-2,逆作法施工箱涵断面见图 3.1-3,逆作法护壁肋板加强示意见图 3.1-4。

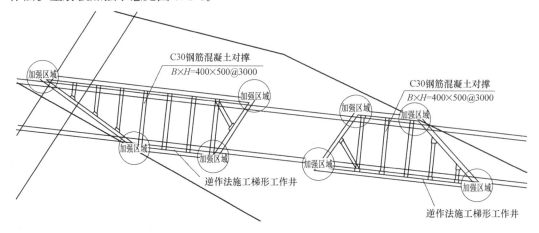

图 3.1-2 逆作法箱涵开挖支护设计平面布置

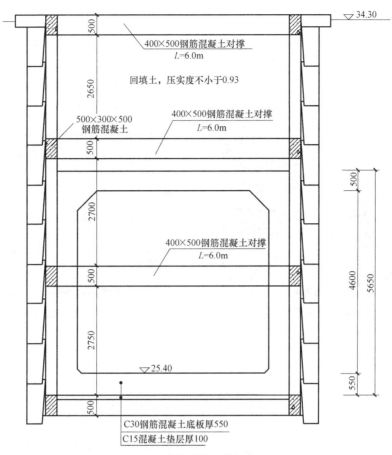

图 3.1-3 逆作法施工箱涵断面图

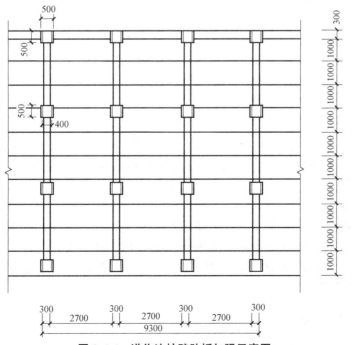

图 3.1-4 逆作法护壁肋板加强示意图

3. 基坑逆作法施工情况

采用逆作法对基坑实施逐层逐节开挖与支护，向下开挖一节现场浇筑一节护壁及护壁竖向肋板；当施工完三节后，设置一道整体横向钢筋混凝土支撑。开挖过程中，若遇地下管线，则采用针对性保护措施；开挖至设计标高后，及时进行垫层及箱涵主体结构施工。施工过程管线保护和开挖、开挖及支护情况见图 3.1-5、图 3.1-6。

图 3.1-5　施工过程管线保护

图 3.1-6　逆作法开挖及支护

3.1.3　工艺特点

1. 施工安全可靠

本工艺针对老旧城区地下管线复杂的特点，采用逆作法对基坑实施逐层逐节开挖与支护，在基坑顶部整体圈梁施工完成后，向下开挖一节现场浇筑一节护壁及护壁竖向肋板；当施工完三节后设置一道整体横向钢筋混凝土支撑，将基坑形成稳固的整体受力混凝土框架支护支撑体系，整体施工安全可靠。

2. 有利于管线保护

本工艺采用基坑从上至下逆作法逐层开挖与支撑支护工艺，整个基坑开挖施工即是查明地下管线的过程，对一些未查明管线在施工过程中可以被及时发现；同时，机械和辅助人工每节开挖约 1m，可有效避免对管线的破坏，并根据管线类型采取针对性的保护措施后再实施下节开挖，可确保管线安全。

3. 开挖支护形状不受限制

本工艺对基坑采用逆作法开挖支撑支护施工，施工过程中可根据基坑的形状进行开挖和支护，不受场地限制；可根据场地条件实地变换基坑形状，其整体结构保持不变，适应性好，可实施性强。

4. 有利于降低造价

本工艺采用逆作法分层分节开挖，在地下箱涵或管廊结构顶板以上发现的管网，无需在施工前进行管网改造，采取随挖随保护的处理措施，可节省大量的事前迁改费用和时间；同时，对于未查明管网能及时发现，避免了在地面超前支护过程损坏管线的补救费用，大大降低工程造价。

3.1.4　适用范围

适用于老旧城区、城中村或城市中心区地下管线相关资料缺失情况下的基坑开挖工程；适用于地下箱涵或管廊和大直径顶管工作井、接收井开挖施工；适用于基坑开挖深度20m以内、基坑宽度不大于20m的基坑支护施工；适用于基坑开挖深度范围内无不良淤泥、砂性等富水透水地层。

3.1.5 工艺原理

以深圳市布吉河（龙岗段）综合整治工程大芬分洪箱涵施工项目为例，对本工艺原理进行说明。本项目分洪箱涵上游布沙路段第二阶段全长47m，自东北向西南方向斜穿布沙路，与原河道交叉，开挖深度9.95m，开挖宽度7.6m，开挖区内地层为：素填土、砾质黏性土、全风化砂岩。经多次综合讨论，确定采用基坑逆作法开挖支护与管线保护施工。

本工艺关键技术包括两部分，一是逆作法开挖与支护；二是开挖过程中的管线保护。

1. 基坑分节分层逆作法开挖与支护

确定基坑开挖位置后，采用机械、人工从上至下逐层挖土，第一节（每一节深度1m）土方开挖完成后，同步进行基坑冠梁、第一节支护及第一道横向钢筋混凝土支撑梁施工。

冠梁、第一节支护及第一道横向钢筋混凝土支撑梁强度达到设计要求后，进行基坑第二节土方开挖，同步进行第二节基坑护壁和竖向护壁肋板施工。第二节基坑壁和竖向护壁肋板强度达到设计要求后，重复前述过程进行第三节、第四节开挖、护壁、竖向肋板施工。

在第四节基坑护壁及竖向护壁肋板施工完成后，进行第二道横向钢筋混凝土支撑梁施工。每完成三节支护设置一道横向钢筋混凝土支撑梁，循环前述过程施工至基坑底设计标高，使基坑所有横向钢筋混凝土支撑梁与竖向护壁肋板及基坑护壁连接成为一个整体，形成稳定的支护支撑受力体系。

基坑逆作法开挖横向支撑、分节支护、护壁肋板工序施工示意见图3.1-7，三维示意见图3.1-8，现场施工见图3.1-9。

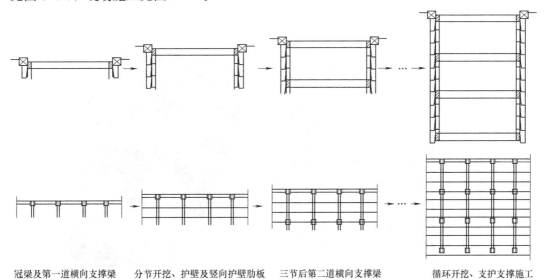

| 冠梁及第一道横向支撑梁 | 分节开挖、护壁及竖向护壁肋板 | 三节后第二道横向支撑梁 | 循环开挖、支护支撑施工 |

图 3.1-7 基坑逆作法开挖横向支撑、分节支护、护壁肋板工序施工示意图

冠梁及第一道横向支撑梁　　分节开挖、护壁及竖向护壁肋板　　三节后第二道横向支撑梁　　循环开挖、支护支撑施工

图 3.1-8　基坑逆作法开挖横向支撑、分节支护、护壁肋板施工三维示意图

冠梁及第一道横向支撑梁　　分节开挖、护壁及竖向护壁肋板　　三节后第二道横向对称支撑梁　　循环开挖、支护支撑施工

图 3.1-9　基坑逆作法开挖横向支撑、分节支护、护壁肋板现场施工

2. 未查明地下管线保护

当基坑分节开挖遇到地下管线时，则采用人工开挖、清理，将管线完全暴露后，针对遇到的不同类型管线采用相应的保护措施，如遇到大直径自来水管、排水管等较重管线时，采取在基坑顶架设钢桁架，然后配合使用手拉葫芦对管进行悬吊保护，见图 3.1-10。当遇到光纤电缆等小直径自重较轻的线缆时，采用铁链或尼龙带绑捆后悬吊于基坑支撑梁上，具体见图 3.1-11。

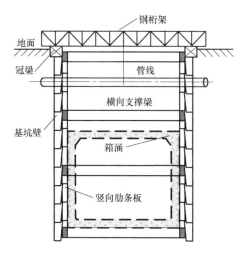

图 3.1-10　大直径管基坑顶架设钢桁架悬吊保护结构示意图及现场保护

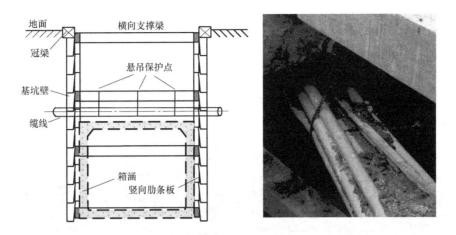

图 3.1-11 小直径光纤电缆悬吊保护结构示意图及现场保护

3.1.6 施工工艺流程

老旧城区地下管涵基坑逆作法开挖支护与管线保护施工工艺流程见图 3.1-12。

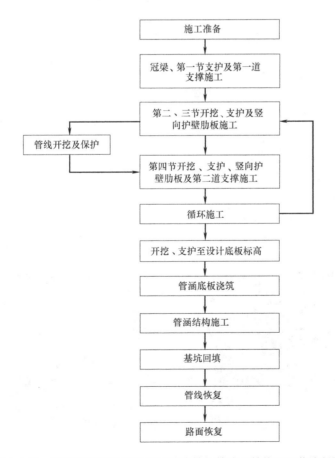

图 3.1-12 地下管涵基坑逆作法开挖支护与管线保护施工工艺流程图

3.1.7　工序操作要点

以深圳市布吉河（龙岗段）综合整治工程大芬分洪箱涵施工项目为例说明。

1. 施工准备

（1）清除地表障碍物，包括破除混凝土路面、清除大块石、生活垃圾等，将施工场地进行平整。具体见图3.1-13。

图 3.1-13　地表障碍物清除

（2）采用物探检测仪测试施工范围内地下管线情况，尽可能掌握管网的分布情况。场地内地下管网探测见图3.1-14。

图 3.1-14　场地内地下管网探测

（3）根据设计图纸用全站仪定向、钢尺量距，确定基坑开挖位置。

（4）按施工方案对场地进行平面布置，包括加工场、材料堆放场等，各种机械设备就位。

（5）根据逆作法开挖地层分布情况，针对性采取预注浆加固处理，以确保逆作法顺利开挖，避免开挖时对周边造成影响。开挖前对不良地层预注浆处理见图3.1-15。

图 3.1-15　预先对不良开挖地层注浆处理

2. 冠梁、第一节支护及第一道支撑施工

（1）施工准备完毕后，首先进行冠梁与第一道支撑梁施工，其中冠梁横截面尺寸为800mm×300mm，横向支撑横截面尺寸为400mm×500mm。支撑梁设置于基坑长边，每道横向钢筋混凝土支撑水平间距为3m。

（2）冠梁和第一道支撑同时施工，施工顺序为：冠梁土方开挖、钢筋绑扎、模板安装、混凝土浇筑、养护与拆模。

（3）采用挖掘机对基坑冠梁层土方进行开挖，开挖按先中间后周边的开挖顺序进行开挖，局部开挖采用人工辅助挖设，冠梁土方开挖见图3.1-16；冠梁开挖深度为1m，至冠梁与第一道支撑梁底预定深度后平整基坑底及基坑壁。

图3.1-16　冠梁土方开挖

（4）钢筋加工区下料加工，现场绑扎，加工完的钢筋按不同编号分别堆放，并做好标识；钢筋绑扎严格按冠梁设计图施工，钢筋的交叉点绑扎牢固，绑扎接头相互错开，其搭接面积百分率不得超过50%。冠梁及第一道支撑梁钢筋绑扎现场见图3.1-17。

图3.1-17　冠梁及第一道支撑梁钢筋绑扎现场

（5）当混凝土支撑开挖至设计标高后，进行整平、复测标高，保证底模的平整及高程位置；同时对基底进行夯实处理，然后施作3cm厚的砂浆找平层作为混凝土支撑底模；模板支设采用木模板，模板加固采用80mm×100mm木枋配合48mm脚手架钢管，模板支立前清理干净并涂刷隔离剂，确保模板清洁光滑。冠梁及第一道支撑模板安装见图3.1-18。

图 3.1-18　冠梁及第一道支撑模板安装

（6）混凝土采用 C30 商品混凝土泵送浇筑，混凝土浇捣前做好各项准备工作，将模

图 3.1-19　冠梁及第一道支撑混凝土浇筑

板内的杂物清理干净。浇筑采用分层进行，同时边浇筑边振动；振动棒操作做到"快插慢拔"、分点振捣，先振捣料口处混凝土，形成自然流淌坡度，然后进行全面振捣。混凝土振捣采用插入式振动器，振捣间距约为 50cm，以混凝土表面泛浆，无大量气泡产生为止，严防混凝土振捣不足或过振。冠梁及第一道支撑混凝土浇筑见图3.1-19。

（7）混凝土浇筑后（6h 以内），表面收光抹平，上覆土工布，并进行保湿养护；混凝土养护24h 后拆模，拆除模板时禁止用大锤敲击，防止混凝土面出现裂纹；拆模后养护 3d，并进行混凝土强度试验，强度达到 85％后进行下层土方开挖。

3. 第二、三节基坑土方开挖、护壁及竖向护壁肋板施工

（1）第二、三节分节施工，每节开挖深度 1m；施工顺序为土方开挖、护壁及竖向肋板钢筋绑扎、模板支设、混凝土浇筑、拆除模板及养护。

（2）土方采用挖掘机在支撑梁间开挖，靠近冠梁和护壁下的土方采用人工辅助挖土作业，严禁挖掘机碰撞护壁。挖机支撑梁内土方开挖见图 3.1-20，冠梁及护壁下人工土方开挖见图 3.1-21。

图 3.1-20　挖机支撑梁内土方开挖　　　　　图 3.1-21　冠梁及护壁下人工土方开挖

（3）当开挖地层地质变差时，调整分节开挖深度，每节控制约 50cm，具体见图 3.1-22；如有必要，可采取再次注浆加固处理。

（4）土方开挖过程中，临基坑边 3m 范围内严禁堆放弃土，开挖土方及时装车外运；同时，做好基坑底临时排水措施，挖设集水井及时抽排，具体见图 3.1-23。

图 3.1-22　地层变差时土方开挖　　　　图 3.1-23　坑底集水井抽排水

（5）第二节基坑护壁施工过程中，每节基坑壁上下纵筋单面焊 $10d$，以便上下层钢筋绑扎搭接，并通过现浇混凝土有效连接，基坑护壁钢筋混凝土结构大样见图 3.1-24；自第二节护壁开始，在第一道支撑梁往下的每节护壁上设计竖向肋板，分段开挖完成后进行基坑壁及竖向肋板钢筋分层绑扎；护壁肋板设置水平间距与横向钢筋混凝土支撑梁水平间距相同，护壁肋板横截面尺寸为 300mm×300mm（厚度×宽度，长度 1m）；钢筋绑扎完成后，进行现场质量验收。竖向肋板钢筋绑扎见图 3.1-25，钢筋绑扎现场隐蔽验收见图 3.1-26。

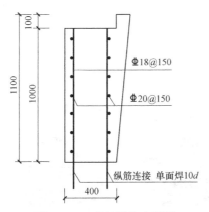

图 3.1-24　基坑护壁大样图　　　　图 3.1-25　竖向肋板钢筋绑扎

（6）模板支设、混凝土浇筑、模板拆除及养护，具体见图 3.1-27、图 3.1-28。

4. 第四节基坑土方开挖、护壁、竖向护壁肋板及第二道支撑施工

（1）第四节基坑土方开挖、护壁及竖向护壁肋板施工同上。

（2）按设计要求，在第四节护壁加设一道横向支撑，位置与第一道支撑相同，以后每隔三道护壁设计一道。第二道支撑与第四节护壁同时绑扎钢筋、浇筑混凝土，具体见图 3.1-29。

图 3.1-26　钢筋绑扎后现场隐蔽验收

图 3.1-27　基坑壁模板支设

图 3.1-28　护壁及竖向肋板施工

图 3.1-29　第二道支撑施工

5. 未查明老旧管线开挖及保护

（1）在基坑分节土开挖、护壁施工过程中，基坑内未查明管线周边土方采用人工预先探挖措施，遇到未查明管线时停止使用机械挖土，采用人工清理管线周边土体，两侧土方挖至管底齐平。基坑内遇管线土方开挖见图 3.1-30。

图 3.1-30　基坑内遇管线土方开挖

（2）挖出管线后，判明管线类型，及时通告相关管线主管部门到场，共同研判下一步开挖及保护处理方法。

（3）架设钢桁架悬吊保护方案

1）当遇到直径偏大、自重较重的自来水管时，采取在基坑顶架设钢桁架，配合施工手拉葫芦对管线进行悬吊保护，具体见图 3.1-31。

图 3.1-31　管线钢桁架悬吊保护

2）架设钢桁架悬吊施工，主要包括以下主要步骤：

一是将拼装好的钢桁架架设在施工完成后的冠梁上，架设时安放位置准确；架设完毕后将钢桁架与冠梁接触部位进行连接加固，确保钢桁架整体稳定。具体见图 3.1-32、图 3.1-33。

图 3.1-32　钢桁架架设　　　　　　　　图 3.1-33　钢桁架螺栓与冠梁固定

二是采用钢丝绳穿过水管，与钢桁架相连，并采用钢丝绳紧绳器将钢丝绳拉紧，使钢丝绳完全承受水管的重力，具体钢丝绳紧绳器见图 3.1-34，水管钢丝绳悬吊保护见图 3.1-35。

图 3.1-34　钢丝绳紧绳器　　　　　　　图 3.1-35　水管钢丝绳悬吊保护

三是采用吊带穿过水管，通过架设在钢桁架上的工字钢，利用钢筋吊钩连接 10t 手拉葫芦，将绳吊拉紧使吊带受力，具体见图 3.1-36、图 3.1-37。

图 3.1-36　钢桁架顶部受力工字钢及 10t 手拉葫芦

图 3.1-37　吊带穿过水管连接手拉葫芦

（4）支撑梁悬吊保护方案

1）当遇到光纤电缆、电线等自身质量较小的线缆时，采用铁链或尼龙吊带将光纤电缆线绑捆后，悬吊于基坑横向支撑梁上，具体见图 3.1-38、图 3.1-39。

图 3.1-38　吊带悬挂保护

2）当采用铁链悬挂保护时，为避免铁链承重后对线缆的保护，在铁链与线缆接触位置铺垫木块予以保护，具体见图 3.1-40。

图 3.1-39　铁链悬挂保护

图 3.1-40　线缆悬吊保护木块衬垫

6. 循环施工至基坑开挖设计底标高

（1）每节基坑进行土方开挖、绑扎钢筋、浇筑混凝土护壁及竖向护壁肋板施工，每经过三节护壁施工进行一道横向支撑施工，如此循环向下开挖、支护，直至开挖到设计桩底标高，具体见图 3.1-41、图 3.1-42。

图 3.1-41　第五道开挖与支护

图 3.1-42　开挖至设计桩底标高

（2）在基坑向下开挖过程中，随着基坑开挖深度加大，可采用液压抓斗挖土，以满足深基坑土方开挖，具体见图 3.1-43。

7. 基坑底管涵结构施工

（1）逆作法基坑施工完成且坑底地基承载力满足设计要求后，报专业监理工程师进行基坑验槽，验收合格后进行垫层混凝土施工，垫层采用 C20 混凝土，厚 10cm。

（2）箱涵结构施工

图 3.1-43　液压抓斗深基坑土方开挖

1）底板、涵身、顶板各部位钢筋绑扎按设计图纸进行，绑扎完成后进行隐蔽验收。钢筋笼绑扎见图 3.1-44。

2）采用木模板立模、碗扣式多功能脚手架满堂搭设支架，支设按横向 1.2m、纵向 0.9m 间距布置。模板立架支设见图 3.1-45。

图 3.1-44　箱涵底钢筋笼绑扎　　　　　　　图 3.1-45　模板立架支设

3）管涵结构框架混凝土分两次完成，底板、1/2 侧墙一并浇筑，顶板、1/2 侧墙一次性浇筑。

4）混凝土浇筑完毕，待表面收浆凝固后即用草袋覆盖，洒水养护；待混凝土强度达到设计强度 70％后，拆模并养护。

8. 基坑回填及管线恢复

（1）箱涵背回填在墙身混凝土强度 100％后进行。

（2）箱涵基础及两侧墙身高度范围内，按设计和规范要求，涵背填料采用开挖回填土，填料内摩擦角达到 35°以上，严禁采用淤泥、膨胀土、腐殖土、耕植土以及任何有机质含量大于 5％的土作为涵背回填填料。

（3）涵背填筑进行分层对称夯填，在墙身上弹线，控制回填厚度；每层填料虚铺厚度不得大于 15cm，用小型打夯机进行夯实；每层填料压实后，进行压实度检测，符合压实度要求后进行上层填土。

（4）涵背填土采用小型压路机或冲击振动夯压实，密实度不低于 96％。

（5）涵顶至路基顶范围采用符合规范要求的路基土分层填筑，分层填筑厚度、压实度要求同路基填筑，施工时严禁重型机械和车辆通行，基坑回填夯实施工见图 3.1-46。基坑回填时，对基坑施工中发现的未查明管线进行原状恢复，确保管线正常安全使用，并对管线类型、走向、埋深等信息报相关单位备案。

图 3.1-46　基坑回填夯实施工

9. 路面恢复

（1）基坑回填完成且回填压实度检测合格后，进行道路路面恢复。

（2）路面按原道路走向、路宽采用沥青摊铺方式进行恢复，沥青摊铺完成后进行沥青路面检测，各项检测指标达到设计及有关技术规范要求后使用。路面层沥青摊铺见图3.1-47，沥青路面恢复检测见图3.1-48。

图 3.1-47　路面层沥青摊铺

图 3.1-48　沥青路面恢复检测

3.1.8　材料与设备

1. 材料

本工艺所用材料及器具主要为水泥、钢筋、混凝土、吊带、铁链等。

2. 设备

本工艺现场施工主要机械设备配置见表3.1-1。

主要机械设备配置表　　　　　　　　表 3.1-1

名称	型号	技术参数	备注
挖掘机	PC200-8	铲斗容量 $0.8m^3$，额定功率110kW	挖土、场地清理
钢桁架	800×600	角钢材料，整体承受重30t以上	保护地下管网
手拉葫芦	HSZ 型	起重高度3m，最大起重量10t	保护地下水管
振动棒	ZN35	转速：2850r/min，棒头直径：51mm	混凝土振捣
履带起重机	QUY260	最大额定起重量260t	钢桁架吊装
全站仪	徕卡 TS60	精度0.5″	测量定位
钢筋切断机	GQ40	转速2880r/min、电机功率2.2/3kW	钢筋加工
型材切割机	J3G-400A	功率2.2kW、空载转速2280r/min	钢筋加工
剥肋滚压直螺纹	GHG40	主电机功率4kW、工作电压380V/50Hz	钢筋加工
钢筋弯曲机	GW40	功率3kW	钢筋加工
直流电焊机	ZX7400GT	额定输入功率18.2kVA、空载电压68V	钢筋焊接

3.1.9 质量控制

1. 土方开挖

（1）按照设计要求自上而下分节、分层开挖，每次开挖约 1m。

（2）当使用机械开挖时，安排专人现场旁站，严格控制开挖深度，避免对未查明管线的破坏；当发现未查明管线时，立即停止使用机械开挖。

（3）基坑开挖过程中，发现未查明管线后，则由工人对管线周边土体进行清理。在对管线未采取有效保护措施前，严禁将基坑土体开挖至管线底部高程以下。

（4）基坑内积水较多时，将基坑内积水抽干进行土方开挖；当开挖范围或过程中遇到软弱淤泥层时，则对开挖段土体进行注浆加固后再进行开挖，并及时调整分节开挖深度。

2. 基坑支护

（1）基坑护壁及竖向肋板在分节施工时，上下钢筋需伸出 $10d$ 进行搭接，防止钢筋掉落，并通过现浇混凝土有效连接。

（2）基坑护壁、竖向肋板及横向支撑钢筋绑扎完成后，质检人员进行自检，合格后报监理工程师隐蔽验收，经验收合格后进行下道工序施工。

（3）为保证基坑护壁及竖向肋板的垂直度，每施工完一节，校核基坑护壁、竖向肋板中心位置及垂直度一次。

（4）施工过程中做好测量控制检查，及时分析纠正下沉过程中出现的倾斜偏位，保证逆作基坑位置正确。

（5）每施工完一道横向支撑梁需检查上部基坑护壁、竖向肋板及横向支撑搭接情况，确保基坑所有横向支撑梁与基坑护壁及竖向肋板连接成为一个整体，形成稳定的支撑支护受力体系。

3. 管线保护

（1）根据基坑施工过程中遇到的未查明管线类型、管径、自重大小，分别采用不同的管线悬吊保护方案；制订管线悬吊保护方案时，需计算管线自重大小，确定悬吊材料、悬吊点位置、数量等，明确悬吊施工方法和安全保证措施，悬吊施工实施等需报送管线主管部门审批同意。

（2）在选择管线悬吊保护受力绳时，选择抗拉较强的尼龙吊带，尽量减少使用铁链直接绑扎在管线上，避免其受力时造成管线破坏。

（3）安排专人对钢桁架进行检查，发现变形、移位等问题及时维护，确保悬吊用的钢桁架安全、可靠。

（4）对悬吊管线加力时，由中间向两边逐渐加力，保证管线受力均匀，避免突然加载。

（5）在进行其他施工时，注意对钢桁架的保护，上面不得堆放其他杂物；在钢桁架处设置醒目的标志牌，施工机械作业远离 2m 以上。

（6）在悬吊梁上合理布置监测点，施工中监测梁的变形，发现异常情况时对梁的受力做出正确分析，及时采取有效的补救措施。

3.1.10 安全措施

1. 土方开挖

（1）基坑开挖要严格按照方案分层、分段开挖，严禁超挖。

（2）土方开挖过程中，严禁基坑边 2m 周边堆载。

（3）在基坑分节土开挖过程中，采用人工预先探挖措施，遇到未查明管线时停止使用机械挖土，采用人工清理管线周边土体。

（4）当开挖地层地质变差时，及时调整分节开挖深度，或对土体进行注浆加固后再进行开挖。

2. 基坑支护

（1）编制基坑逆作法开挖与支护安全专项施工方案，并报送专家评审；方案通过审批后，对现场施工工作人员进行安全质量技术交底。

（2）严格遵循基坑护壁、竖向肋板及横向支撑施工程序，防止发生偏位、倾斜等现象，做好基坑底作业前和施工中的通风工作，以免导致人身事故。

（3）基坑顶设防护栏杆，基坑下作业戴安全帽。

（4）吊车、起重设备由专人操作和专人指挥，吊车靠近基坑顶周边行驶时，加强对地基稳定性核验，防止发生倾翻事故。

（5）作好基坑临时排水措施，并指派专人负责。

3. 管线保护

（1）编制基坑逆作法开挖与支护管网保护方案，并报相关部门审批；方案通过审批后，对现场施工工作人员进行安全质量技术交底。

（2）对基坑逆作法施工中发现的未知管线，采取针对性的有效保护措施后，需在保护管线区设置警示牌，避免基坑施工过程中工人或大型机械对管线造成破坏。

（3）定期安排专人对暴露的管线进行巡检，确保基坑施工期间管线的正常安全使用。

4. 施工人员上下基坑通道布置

（1）逆作基坑施工人员上下基坑采用钢爬梯。

（2）为保证施工人员上下安全，钢爬梯设置成直径大约为 0.6m 的圆筒形，一侧固定于基坑壁上，位于基坑外侧采用焊接 5 条竖直钢片，然后沿上下方向每隔 0.5m 焊接一条半圆钢片，并在外围布设一层尼龙网，形成一条安全的施工人员上下行通道。具体设置见图 3.1-49。

图 3.1-49　基坑逆作法施工人员上下基坑通道

3.2 填石边坡桩板墙高位锚索栈桥平台双套管钻进成锚技术

3.2.1 引言

在深厚松散填石高边坡上进行预应力锚索施工时，通常采用分层开挖、分层锚索支护施工。而对于填石高边坡既有桩板墙预应力锚索支护施工，其面临着施工平面高、外部桩板墙及填石地层硬度大、地层松散易塌孔、孔内沉渣难以清理等问题，传统边坡锚索钻进技术难以满足要求。

2020 年 9 月，"郎泉老厂区技改项目边坡治理工程"开工，该工程位于四川省泸州市古蔺县二郎镇赤水河南岸。根据前期勘查成果，工程区位于原二郎镇滑坡区范围内，工程对滑坡体进行大规模挖填，由于边坡整体高度大（约 60m），需对滑坡进行分台阶治理。支护结构采用"灌注桩＋桩板墙＋预应力锚索"形式，先施作抗滑桩、桩板墙，然后在墙后回填土体和块石（图 3.2-1、图 3.2-2），最后在桩板墙处施工预应力锚索。桩板墙设计为直径 3.2m 的混凝土抗滑桩，桩外设置 0.3m 厚的 C30 混凝土板，板墙最大高度 16m。桩板墙上设置预应力锚索，根据墙高锚索为 2~3 排，锚索孔位最高在施工面以上 13m，锚孔直径 170mm、最大深度 60m，地层由杂填土、松散填石、强（中）风化泥灰岩及炭质页岩构成。锚索采用 9 根或 11 根 ϕ13 无粘结钢绞线，最大设计锚固力为 1000kN。

图 3.2-1 桩板墙施工情况

图 3.2-2 形成的既有桩板墙

针对桩板墙上预应力锚索位置高、填石地层钻进困难、松散填土钻进时易塌孔、深长锚索斜孔内钻渣难以清理等问题，项目组对填石高边坡混凝土桩板墙预应力锚索施工技术进行研究，结合现场试验、优化改进，形成了"填石边坡桩板墙高位预应力锚索栈桥平台顶驱双套管钻进施工工艺"。此工艺采用搭设装配式钢栈桥平台的方法以适应作业要求，用顶驱动力履带式锚索钻机和潜孔锤钻头穿透坚硬填石地层，并利用外套管跟进护壁以防止塌孔，终孔后采用风动潜孔锤清孔，形成了完整的施工工艺流程、技术标准、工序操作规程，实现了质量可靠、经济高效的目标，达到了预期效果。

3.2.2 工艺特点

1. 作业平台安全可靠

本工艺为钻机搭设装配式钢栈桥作业平台，其由标准化单元构件组合而成，设有剪刀撑以加强自身刚度，并采用底部铺垫钢板、侧方桩板墙附墙件拉结进行有效固定，保证锚索施工时为钻机提供足够的承载力和钻进反力，确保作业平台的安全、稳固、牢靠。

2. 钻进破岩效率高

本工艺采用顶驱动力履带式钻机和潜孔锤钻头配合，对坚硬填石地层进行冲击破碎钻进，破岩效率高。

3. 锚索成孔质量好

本工艺采用外套管和潜孔锤内钻头配合进行跟管护壁钻进，并使用泥浆循环通过特制排渣头排渣，在成孔后采用风动潜孔锤清孔，有效清除深长斜孔内沉渣，提高了成孔质量。

4. 综合成本低

本工艺中使用的装配式钢栈桥作业平台单元构件采用租赁方式，并根据场地实际情况组合使用，节约了材料成本，综合成本低。

3.2.3 适用范围

适用于栈桥平台最大高度为 20m 的高边坡锚孔钻进施工；适用于穿越坚硬混凝土挡墙、松散填石地层的锚孔跟管钻进施工；适用于钻孔跟管深度不大于 60m、孔径不大于 200mm 的锚孔施工。

3.2.4 工艺原理

本工艺针对混凝土挡墙支护的填石高边坡预应力锚索，采用顶驱双套管钻进成锚综合施工技术，其施工关键技术主要包括三部分：一是既有桩板墙高位锚索施工作业平台搭设技术；二是顶驱动力双套管钻进技术；三是终孔后风动潜孔锤孔底清渣技术。

1. 既有桩板墙高位锚索施工作业平台搭设

（1）技术路线

在既有桩板墙上进行高位锚索孔的钻进作业时，首先要保证锚索钻机作业平台搭设的稳固性与便捷性，同时适应锚孔位置的不同高程及水平方向的排布。因此，设想一种组合装配式平台结构，由若干种标准化单元构件组成，可通过单元构件的不同组合满足作业要求。

（2）装配式钢栈桥作业平台

遵循以上思路，采用一种装配式钢栈桥作业平台。钢栈桥广泛应用于桥梁施工中重型机械设备的作业平台，本工艺搭设钢栈桥用于高位锚索施工时放置钻机等机械设备。栈桥平台主要由钢支撑柱、贝雷梁、桥面板等标准化单元构件组成。栈桥由钢支撑柱支撑，支撑柱顶部之间搭设贝雷梁以承担上部荷载，贝雷梁上铺设桥面板以作为钻机工作平台。贝雷梁通过焊接在支撑柱顶部的工字钢梁架设，桥面板铺装在用 U 形扣固定在贝雷梁上的工字钢分布梁之上。

平台整体搭设前，需保证支撑柱底部地面坚实，并设置带工字钢加劲肋的钢板，以保证平台下方基础稳定。钢支撑柱之间通过工字钢剪刀撑连接，以保证平台整体结构稳固，通过在支撑柱与桩板墙间设置交错排列的侧向支撑与拉结件，保证平台与桩板墙之间相对位置的稳定，保证平台能够在钻机钻进及拔管时所产生的反力作用下不发生晃动。

装配式栈桥作业平台剖面见图 3.2-3，平台断面见图 3.2-4。

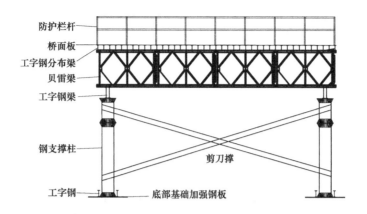

图 3.2-3　装配式栈桥作业平台剖面图

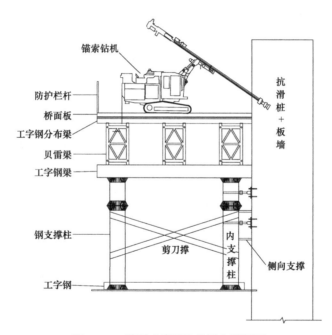

图 3.2-4　装配式栈桥作业平台断面图

（3）作业平台搭设方案

对于高度接近自然地面的锚孔，将场地挖填平整压实后，钻机直接于地面进行施打；对多排锚孔，按照从上至下的顺序进行施打，此种情况通过采用不同高度的钢支撑柱来调整平台高度；当锚索孔位置较低时，在平台结构中去除支撑柱，仅采用单层或双层贝雷梁，同时通过挖填场地调整标高，以适应锚孔作业需要。

2. 顶驱动力双套管钻进

（1）技术路线

在既有桩板墙的深厚松散填石高边坡进行锚孔钻进作业时，主要存在桩板墙和填石地层硬度大、松散填土易塌孔、深长锚索斜孔内沉渣难清理等技术难题。为此，设想一种钻进方法，在保证能够穿透混凝土桩板墙、深厚填石地层的同时防止塌孔，并在钻进过程中将孔内渣土有效排出。

（2）顶驱动力钻进

遵循以上思路，针对桩板墙、填石地层硬度大的技术难题，本工艺使用的钻机采用顶驱动力头驱动钻进。相比一般的回转型钻机，顶驱动力钻机的动力头能够实现高频往复振动，带动钻杆及钻头对地层填石进行冲击。本工艺采用 BHD175 型钻机，其冲击频率最高可达 1400 次/min，在高频冲击下对填石地层进行破碎。

（3）双套管钻进

针对填石地层松散易塌孔的问题，采用一种嵌套式排渣头、内外管配合的跟管护壁钻进排渣技术。排渣头长 60cm，周身开有排渣口，内设丝扣，一端连接钻机动力头，另一端依次连接外钻头（外管）、内钻头（内管）；内钻头为潜孔锤钻头，直径 127mm，与钻杆（内管）相连，主要承担前端先导破碎引孔钻进作用；外钻头为合金环状钻头，直径为 168mm，与外套管通过丝扣连接，主要承担跟管钻进和护壁作用。内钻头和外钻头见图 3.2-5、图 3.2-6。

图 3.2-5　潜孔锤内钻头

图 3.2-6　套管外钻头

由于排渣头与内外管连接的内外接头交错排列，内外钻头安装后，内钻头锤面始终超前置于外钻头 15cm，随后加接的每根钻杆和套管长度均为 2m，在钻进过程中始终保持内外钻头的相对位置不变。钻进时，内钻头在钻机的顶驱动力驱动下，对前方填石层进行超前引孔破碎钻进，外钻头在内钻头后方同步进行扩孔钻进，并利用套管进行护壁。钻进过程中，向内钻头钻杆内注入高压水，对钻头进行润滑降温；同时，高压水携带钻渣由内管与外套管间空腔上返，经由上部排渣头的排渣口排出。

顶驱动力双套管钻进原理见图 3.2-7。

3. 终孔后风动潜孔锤孔底清渣

（1）技术路线

由于锚孔倾斜，最大深度可达 60m，钻进终孔后孔底累积的沉渣较厚，通过超钻难以准确控制有效孔深，为此设想一种清孔方法，使得终孔后孔内渣土能够有效排出。

（2）风动潜孔锤清孔

针对深长锚索斜孔内沉渣难以清理的技术难题，在终孔时通过风动潜孔锤进行清孔。在钻至预定深度后，通过空压机向内管送入压缩空气启动风动潜孔锤，控制潜孔锤在孔内

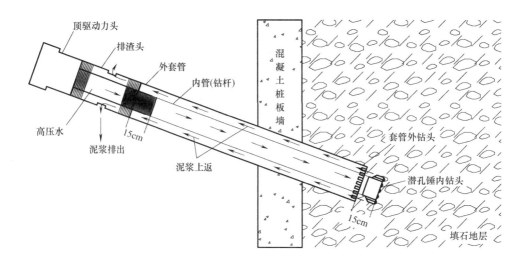

图 3.2-7　顶驱动力双套管钻进原理示意图

进行小幅往复运动，利用高风压将孔底沉渣沿内外管之间的空腔吹出，达到清孔效果。终孔后空压机清孔原理见图 3.2-8。

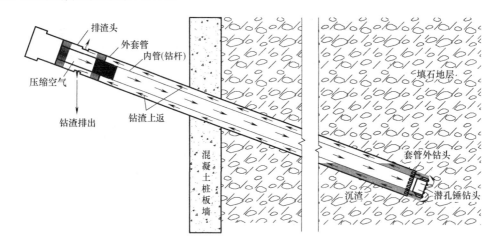

图 3.2-8　终孔后空压机清孔原理示意图

3.2.5　施工工艺流程

填石边坡桩板墙高位预应力锚索栈桥平台顶驱双套管钻进成锚工艺流程见图 3.2-9。

3.2.6　工序操作要点

1. 搭设装配式栈桥平台

（1）确定各区域需平整场地的设计高程和平台搭设高度，采用挖掘机平整场地，确保平整后高程符合各平台搭设区的设计高程、压实度符合后续施工要求，挖掘机平整场地见图 3.2-10。

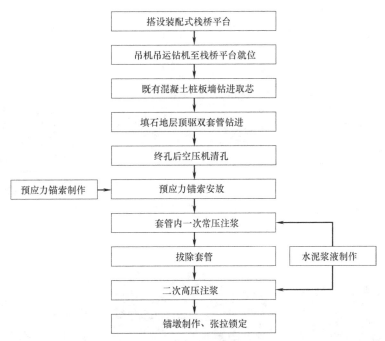

図 3.2-9　填石边坡桩板墙高位预应力锚索栈桥平台顶驱双套管钻进成锚工艺流程图

图 3.2-10　挖掘机平整场地

（2）将装配式栈桥平台的各单元构件就近运至搭设地点，将支撑柱顶部工字钢梁、剪刀撑、底部工字钢连接、基础加强钢板等组装好备用，平台单元构件准备现场见图 3.2-11。

图 3.2-11　装配式栈桥平台单元构件准备现场

89

（3）针对不同的锚孔高度，采用不同高度的栈桥作业平台；锚孔高度接近地面的，钻机直接在地面进行施打。高度不同的锚孔作业平台及施工见图 3.2-12～图 3.2-17。

图 3.2-12　直接于地面施打

图 3.2-13　单层贝雷架平台

图 3.2-14　双层贝雷架平台

图 3.2-15　低位平台

图 3.2-16　高位平台

图 3.2-17　高低组合平台

（4）采用 25t 履带起重机与人工配合搭设装配式栈桥平台，吊装构件时注意绑扎牢固，平台搭设见图 3.2-18。

图 3.2-18　搭设装配式栈桥平台

（5）确保栈桥平台支撑柱之间用工字钢连接稳固，贝雷梁、工字钢梁、桥面板之间扣接牢靠，支撑柱与桩板墙之间用拉墙件及侧向支撑连接，装配作业平台连接见图 3.2-19。

（6）搭设作业平台时考虑施工便捷，按照桩板墙浇筑时预留孔位高度分布，同排相邻的锚索孔尽量搭设一个作业平台进行施作。

2. 吊机吊运钻机至栈桥平台就位

（1）选用秋田 BHD175 型履带式锚固钻机，钻机技术参数详见表 3.2-1。

图 3.2-19　装配作业平台连接

秋田 **BHD175** 型锚固钻机技术参数表　　　　　　　　　表 3.2-1

技术指标	参数	技术指标	参数
最大回转速度	158r/min	最大钻孔直径	250mm
最大回转扭矩	13600N·m	最大钻孔深度	100m
冲击频率	1400min^{-1}	运输状态尺寸	7000mm×2200mm×2900mm
给进行程	3500mm	质量	11t

（2）采用 25t 履带起重机进行钻机及配套钻杆、套管、钻头等工具材料的运输。钻机吊运见图 3.2-20。

图 3.2-20　钻机吊运

（3）钻机移动至锚孔，调整机位确保钻孔倾角和方向符合设计要求；布设高压水循环系统，用于钻进过程中注水及清孔后的泥浆排放。

3. 既有混凝土桩板墙钻进取芯

（1）对外部混凝土桩板墙进行钻进取芯，取芯采用外径 194mm 的合金水磨钻头。

（2）取芯钻头通过外径 194mm 钻杆与钻机动力头连接，取芯时由钻机提供回转动力。

（3）钻进取芯时，用高压水对钻头进行冷却和润滑，取芯钻头及钻进过程见图 3.2-21、图 3.2-22。

图 3.2-21　取芯钻头

图 3.2-22　混凝土桩板墙钻进取芯

4. 填石地层顶驱双套管钻进

（1）待混凝土桩板墙钻穿后，将取芯钻头及钻杆退出，安装双套管钻具。

（2）双套管钻进使用外径 168mm 的外套管和直径 127mm 的潜孔锤钻头，钻杆（内管）外径 89mm，套管与钻杆每根长 2m。

（3）钻机动力头处连有嵌套式排渣头，外壁开有排渣孔；排渣头另一端分别与外套管和内管相连，排渣头内外接头交错排列，保证潜孔锤内钻头比外钻头超前 15cm，见图 3.2-23。

图 3.2-23　端部排渣头及外套管与钻杆接头相对位置

（4）内外钻头在钻机动力头顶驱作用下向前钻进，内钻头对填石地层进行超前引孔破碎钻进，外钻头在内钻头后方进行扩孔钻进，并用套管护壁，钻进过程见图 3.2-24。

（5）钻进过程采用 200QJ20-148/11 型潜水泵（扬程 148m，功率 15kW，流量 20m³/h，见图 3.2-25）将水沿内钻杆注入孔底，用于润滑、冷却钻头及带出孔底钻渣，高压水携带钻渣从上部排渣口排出，排渣循环见图 3.2-26。

图 3.2-24 顶驱动力双套管钻进

图 3.2-25 200QJ20-148/11 型潜水泵

图 3.2-26 钻进过程中排渣循环

（6）采用钻机自带的小型吊机配合人工加接钻杆，见图 3.2-27。

图 3.2-27 加接钻杆

（7）钻进时边回转、边给压向前钻进，当钻具接近孔底时控制压力、放慢钻进速度，钻进至设计深度后稳钻 1～2min。

5. 终孔后空压机清孔

（1）终孔后，开动空压机，将压缩空气送入风动潜孔锤清孔 5～10min，进一步清除

图 3.2-28　KSDY-15/17 空压机

孔底沉渣。空压机采用 KSDY-15/17 型，排气压力为 1.7MPa，排气量为 17m³/min，现场空压机见图 3.2-28。

（2）清孔后退出内钻杆，护壁套管留在孔中，待一次注浆结束后拔出。

（3）钻孔经现场监理检验合格后进行下道工序，检验内容包括孔径、孔斜、方位及孔深等。

6. 预应力锚索制作

（1）采用无粘结钢绞线，制作时将锚固段钢绞线的外保护皮剥除，对钢绞线上的黄油进行清洗，清洗第一步采用柴油初步清洗并用钢丝刷刷除黄油，然后再用高压水枪将钢绞线缝隙和钢绞线上部柴油冲洗干净，锚索高压水清洗见图 3.2-29。

（2）钢绞线的加工长度严格按照锚索孔深度确定，采用合金钢筋切割机下料，合金钢筋切割机见图 3.2-30。

图 3.2-29　锚索高压水清洗

图 3.2-30　合金钢筋切割机

（3）锚索组装在有棚架的场地上组装，然后搬运并吊装入孔。

（4）组装好的锚索经专人检查并登记，检查长度、对中架安装、钢绞线有无重叠，合格后进行编号，作好标记，待入孔安装。

7. 预应力锚索安放

（1）锚索入孔前，校对锚索编号与孔号是否一致，确认孔深和锚索长度无误后，用导向探头探孔，无阻时进行锚索入孔。

（2）施工中对锚索位置、钻孔位置、钻孔深度和角度、锚索长度和插入长度进行检查。

（3）锚索采用 25t 履带起重机吊装配合人工操作入孔，入孔后锚索顺跟管套管至孔底，锚索安放见图 3.2-31。

8. 浆液制作

（1）注浆材料采用 P·O42.5R 普通硅酸盐水泥净浆，水灰比为 0.4～0.5。

（2）使用 150L 搅浆机在搅浆筒内进行水泥浆一次搅拌，搅拌均匀后排入储浆池，并

图 3.2-31　锚索安放

持续进行二次搅拌，使泥浆搅拌充分，保证注浆时浆液性能，浆液现场搅拌制备见图 3.2-32。

9. 套管内一次常压注浆

（1）注浆设置在距锚孔不大于 50m 的位置，并将压力表进行标定，确保压力值真实、有效。

（2）注浆采用 BW150 型注浆泵，注浆泵最大流量 150L/min，最大排出压力为 7MPa。BW150 型注浆泵见图 3.2-33。

（3）一次注浆压力为 0.3～0.5MPa，注浆初始将孔内的清水逐步置换，直至孔口返浆为止；现场记录实际注浆量，以注浆量大于理论吸浆量、回浆相对密度不小于进浆相

图 3.2-32　浆液现场搅拌制备

对密度为灌浆结束标准，并稳压 10min，套管内一次常压注浆见图 3.2-34。

图 3.2-33　BW150 型注浆泵

图 3.2-34　套管内一次常压注浆

10. 拔除套管

（1）一次注浆完成后，用钻机动力头逐节拔除跟管套管，拔管时确保钻机稳定，保持拔管轴线与锚孔轴线一致。

（2）每节套管拔出后人工配合拆除，并用与钻机配合的小型吊机吊至钻机旁侧，安放时防止钻杆滑动。拆除套管见图3.2-35。

图 3.2-35　拆除套管

图 3.2-36　二次高压注浆

11. 二次高压注浆

（1）一次注浆完成后，间隔4～6h进行二次高压注浆。

（2）二次注浆压力控制在1.5～2.5MPa范围内，具体见图3.2-36。

12. 锚墩制作、张拉锁定

（1）将锚墩钢模用螺栓固定于锚孔处，安装牢靠后人工填充混凝土，保证混凝土填筑密实，锚墩制作见图3.2-37。

图 3.2-37　锚墩制作

（2）在锚固段注浆14d后进行张拉，锚索孔高于自然地面时则采用履带起重机悬吊吊篮进行操作，吊篮移动过程保证稳定，具体见图3.2-38。张拉时采用对讲机与吊车司机沟通调整吊篮位置。严格按照张拉作业程序进行张拉，锚索张拉锁定作业见图3.2-39，张拉完成的锚索见图3.2-40。

图 3.2-38 吊机悬吊吊篮

图 3.2-39 锚索张拉锁定

图 3.2-40 张拉完成的桩板墙多排锚索

3.2.7 材料与设备

1. 材料

本工艺所使用的材料主要包括贝雷架、钢板、钢管、工字钢等。

2. 设备

本工艺现场施工主要机械设备配置见表 3.2-2。

主要机械设备配置表

表 3.2-2

名称	技术参数	备注
锚索钻机	秋田 BHD175 型	钻孔
合金水磨钻头	直径 194mm	混凝土取芯
外套管钻头	直径 168mm	护壁钻进
潜孔锤钻头	直径 127mm	破岩钻进、清孔
空压机	KSDY-15/17,排气量 17m³/min	终孔后清孔

续表

名称	技术参数	备注
搅浆机	150L	拌制水泥浆
钢筋切割机	QJ-40 型	切割钢筋
压力注浆泵	BW150 型,最大流量 150L/min	注浆
穿芯千斤顶	YCW-150 型	锚索张拉
履带起重机	25t	吊运钻机、锚索等
高压水枪	最大水压 7MPa	清洗锚索
高压循环水泵	200QJ20-148/11 型	泵送高压水

3.2.8　质量控制

1. 搭设装配式平台

(1) 严格按照设计标高进行场地的挖填及平整,场地压实度满足施工设计要求。

(2) 按照场地高程与锚索高程选择不同形式的作业平台。

(3) 栈桥平台顶部工字钢与支撑柱焊接牢固,贝雷架与工字钢、桥面板扣接牢靠。

(4) 平台支撑柱之间的剪刀撑、支撑柱与桩板墙之间的侧向拉结与支撑严格按设计要求设置。

(5) 派专人对装配式作业平台的施工质量进行检查。

2. 顶驱双套管钻进及清孔

(1) 锚孔方位角偏差不大于 2.5°,开孔孔位偏差不超过 10cm,一般部位孔斜不大于孔深的 2%。

(2) 成孔超深偏差不大于 20cm,预留张拉长度不小于 1.5m。

(3) 钻进时保持钻机稳固,钻进过程中对锚孔的孔位、孔径、孔深和倾斜度做好记录,配合监理人员检查。

(4) 钻进过程中保持高压水泵送压力,确保排渣通畅。

(5) 钻孔完成后,潜孔锤钻头留在孔内,注入高压空气(风压 0.2~0.4MPa),将孔内钻渣及浆体置换出孔外。

3. 锚索制作与安放

(1) 对所有锚索孔与锚索一一对应编号,以防锚索装错孔位。

(2) 将锚固段钢绞线上的黄油用柴油清洗后用钢丝刷刷除,再用高压水枪清洗干净。

(3) 切割后的钢绞线用钢丝扎捆牢固,保证同一束钢绞线等长并逐根检查。

(4) 向孔内安放锚索前,检查锚索防腐措施是否到位。

(5) 保证穿入孔内的锚索平顺,锚索结构无损坏,外露段保护良好。

4. 注浆

(1) 注浆使用纯水泥浆,水灰比 0.4~0.5,水泥浆 28d 抗压强度等级不得低于 30MPa。

(2) 一次注浆压力 0.2~0.3MPa,二次注浆压力 1.5~2.5MPa,二次注浆与一次注浆间隔时间 4~6h。

（3）注浆浆液搅拌均匀，随搅随用并在初凝前用完，严防石块、杂物混入浆液。

（4）注浆时控制水泥浆用量和注浆压力。在出现漏浆现象时，采用间歇停泵再注入措施操作，确保注浆效果。

5. 封锚、张拉锁定

（1）张拉前，将张拉机具、测力装置及所需附属机具准备齐全，并都进行过严格的标定和校验。

（2）清除钢绞线上的浮锈以及垫板上的水泥结石，安装工作锚板时锚板上的锥孔保持干净，内壁不得有泥土、砂粒、油污、铁屑等杂物。

（3）锚索张拉时，张拉程序符合规定。每级张拉力与理论计算伸长值符合规范要求，张拉升荷速率每分钟不超过设计张拉力的 1/10。

3.2.9　安全措施

1. 搭设装配式平台

（1）场地平整时，机械周围严禁站人，施工区域设置围挡及警示牌。

（2）平台搭设派专人指挥，严格按照操作规程作业。

（3）高空拼接作业平台时，操作人员戴好安全帽，系好安全绳。

（4）构件吊装时严禁从人员头顶通过，下放构件时保持平缓。

（5）作业平台板上部周围设置安全栏杆，高度为 1500mm，采用 $\phi48\times4$ 钢管焊接于平台板上。

2. 顶驱双套管钻进及清孔

（1）作业前反复检查钻机、钻具、套管，有裂纹和丝扣滑丝的钻杆和套管严禁使用。

（2）钻机液压、风压、风压等管路连接牢靠，避免脱开。

（3）高空栈桥平台上钻进施工时，对平台稳定性进行巡查和监测。

（4）钻进过程中，人员不靠近孔口，避免岩渣飞溅伤人。

（5）人员上下栈桥平台时系安全绳，安全绳上部系牢冠梁顶埋件。

（6）终孔后空压机清孔派专人操作。

3. 锚索制作与安放

（1）切割钢绞线时为切割机设置安全护罩，以防断片伤人。

（2）用高压水枪冲洗锚索时，出水方向禁止站人。

（3）锚索安放时，采用吊车配合人工下放。

4. 注浆

（1）注浆过程中，孔口操作人员避开注浆管的正面，注浆前台与后台保持联系、统一操作。

（2）注浆管路连接牢靠，严防注浆管脱离。

（3）注浆开始时若表压骤升，则立即停止注浆，排除异常后再继续注浆。

（4）注浆孔吸浆量突然增大，表压迅速下降时，立即检查、分析产生原因后，再采取措施继续注浆。

（5）注浆过程中，处理注浆泵及注浆管路时先停机，打开卸压阀并确定卸压后，再打开管路进行处理。

5. 张拉锁定

（1）吊篮、吊绳使用前进行安全检查，吊篮下方禁止交叉作业。

（2）严格控制吊篮内作业人数，吊篮移动时作业人员禁止施工操作。

（3）吊篮内派专人使用对讲机与吊车司机保持联系，确保吊篮按照施工要求平稳移动。

（4）张拉前，检查张拉千斤顶、油泵各油路接头处是否松动，发现松动及时拧紧。

（5）预应力张拉操作严格遵守操作规程，操作时派专人负责。

第4章　逆作法结构柱定位施工新技术

4.1　逆作法钢管柱后插法钢套管与千斤顶组合定位技术

4.1.1　引言

当深基坑支护工程采用逆作法施工工艺时，上部钢管结构桩加下部灌注桩为常见的支护形式之一。深圳市城市轨道交通 14 号线大运枢纽中间段基坑开挖平均深度 21m。场地范围内地层自上而下分布为：素填土、粉质黏土、砾砂、粉质黏土及强、中、微风化花岗岩层，中风化岩以上覆盖层厚度超过 60m；车站开挖设计采用盖挖逆作法，围护结构采用地下连续墙，竖向支撑构件为灌注桩内插钢管结构柱，钢管柱作为主体结构的一部分，设计采用后插法工艺。钢管结构柱桩基设计为扩底灌注桩，桩端持力层为强风化岩，直孔段桩径 2500mm、扩底直径 4000mm，平均孔深 55m。其中，钢管结构柱平均长 25m，设计钢管桩直径 1300mm，钢管桩底部嵌入基础灌注桩顶 4m。设计钢管结构柱中心线与基础中心线允许偏差 ±5mm，钢管结构柱垂直度偏差不大于长度 1/1000 且最大不大于 15mm。深基坑逆作法大直径钢管结构柱施工垂直度控制要求高，钢管结构柱定位施工难度极大。

本项目的技术关键点在于大直径钢管结构柱在插入灌注桩后的准确定位，由于钢管结构柱超长且直径大，钢管结构柱采用后插法插入灌注桩顶面混凝土后，一旦钢管结构柱出现偏差，受钢管柱截面大的影响，进行钢管结构柱的底部纠偏调节难度大，需要反复起拔重新插入来完成定位，耗时耗力。

为了解决大直径超长钢管结构柱后插精准定位施工存在的问题，通过现场试验、总结、优化，项目组提出了"逆作法钢管柱后插法钢套管与液压千斤顶组合定位施工技术"，即：钢套管为钢管结构柱的定位纠偏垂直度提供导向定位，将护壁钢套管使用全回转钻机下至灌注桩设计桩顶以上位置后，采用旋挖钻机直孔段成孔至设计深度，改换专用旋挖扩底钻头扩底后灌注桩身混凝土成桩；再采用全套管全回转钻机后插法工艺实施钢管结构柱安放，安放时通过预先在钢管结构柱中下部位置设置的四个可调节液压千斤顶，在钢管结构柱插入桩顶混凝土后，在钢管柱顶利用超声波成孔检测仪对钢管结构柱的垂直度进行实时动态监测，并根据测得的偏差值，通过操作液压千斤顶回顶钢套管，对钢管结构柱进行偏差调节，最终完成后插法钢管结构柱的定位。通过数个项目的定位操作实践，达到了定位精确可靠、提高定位效率的效果，取得了显著的社会效益和经济效益。

4.1.2　工艺特点

1. 定位控制精度高

本工艺采用全回转钻机安放钢套管并成孔，下放钢管结构柱后，采用"超声成孔检测仪"测出钢管结构柱的垂直状态，并利用设置在钢管结构柱上的液压千斤顶回顶钢套管，对钢管结构柱进行偏差调节并完成定位，确保了钢管结构柱的准确定位。

2. 综合施工效率高

本工艺使用的钢管结构柱、工具柱在工厂内预制加工，制作精准度高；采用全回转钻机安放钢套管，利用旋挖钻机完成直孔段和扩底段施工，钻进成孔速度快；采用全回转钻机后插钢管柱，利用液压千斤顶与钢套管、超声波检测协同配合进行定位，大大提升了综合施工效率。

3. 降低施工成本

本工艺采用液压千斤顶自动调节钢管结构柱的垂直度，液压千斤顶可以重复使用，液压千斤顶操作便捷，定位精准、快捷，节省大量辅助作业时间，加快了施工进度，综合施工成本低。

4.1.3　适用范围

适用于基坑逆作法直径≥1300mm 的钢管结构柱后插法施工和采用扩底设计的灌注桩施工。

4.1.4　技术路线

为了有效实施结构柱纠偏，拟定以下技术设想：

1. 设计液压千斤顶调节偏差

当出现钢管结构柱下插灌注桩内发生定位偏差后，由于安插在灌注桩顶部混凝土内的钢管桩直径大，钢管柱的位置调节需要克服较大的阻力，采用对钢管柱顶部调节的方法难以对钢管柱底部进行纠偏。因此，设想在钢管柱的中下部设置一套液压纠偏系统进行偏差调节定位。

2. 设置千斤顶回顶钢套管支撑

由于钢管结构柱定位时其处于钻孔的覆盖层内，土层孔壁无法提供液压千斤顶系统回顶力。为此，拟在钢管结构柱部分的钻孔段设置护壁钢套管，以便为液压千斤顶对钢管柱纠偏时提供回顶支撑点。

3. 采用全回转钻机安放钢套管

由于钢套管作为千斤顶回顶支撑，钢套管安放的垂直度将直接影响回顶时的精度，施工过程对钢套管安放的垂直度要求高。为此，拟采用全回转钻机实施钢套管安放，确保护壁钢套管的垂直度满足要求。

4. 实时测控纠偏

当液压千斤顶、钢套管纠偏系统工作时，需要提供实时的精准定位偏差数据。为此，设想在钢管结构柱顶部设置一套超声波检测仪，对钢管结构柱中心点位置偏差进行实时监控，并与液压千斤顶、钢套管纠偏调节系统协同工作、同步纠偏、反复校核，直至定位精度满足要求。

4.1.5 后插钢管柱钢套管与液压千斤顶组合定位系统

根据上述技术路线，本工艺所述的综合定位系统由钢套管、液压千斤顶和超声成孔检测仪三部分组成，构成对钢管结构柱的纠偏和精确协调定位。

1. 钢套管

钢套管的作用主要表现为两方面，一是作为千斤顶对结构柱纠偏时的回顶支撑，二是钻进过程中起钻孔护壁作用。

钢套管为钢管结构柱的定位纠偏垂直度提供导向定位，为保证结构柱垂直度，钢管结构柱施工采用全套管全回转钻机安放，套管内采用抓斗或旋挖钻机取土，采用分节下入、孔口接长安放到位。为保证钢套管在完成结构柱定位后顺利拔出，钢套管的底部按置于灌注桩设计顶标高以上1.0m控制，钢套管长度约20m，以避免钢套管底部埋入灌注桩顶混凝土内导致钢套管起拔困难，具体见图4.1-1。

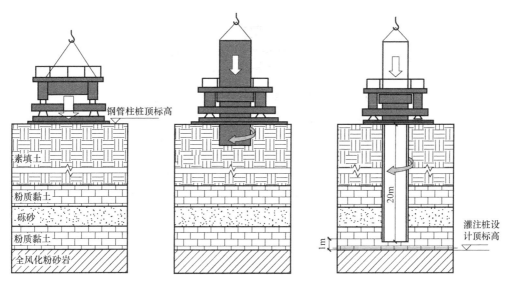

图 4.1-1 全回转钻机安放钢套管示意图

2. 液压千斤顶

（1）千斤顶位置设计

为确保千斤顶回顶效果，根据现场试验、优化，将千斤顶安放在钢管结构柱中部偏下位置，即安装在钢管柱约15m处，具体见图4.1-2。

（2）千斤顶结构

千斤顶对称设置共4组，单个装置由1个钢板焊接而成的独立长方形卡槽及1套液压千斤顶组成，长方形卡槽焊接在法兰盘上，液压千斤顶放置在卡槽内，千斤顶随钢管结构柱下放至预定位置，千斤顶连接铁链、液压管连接千斤顶引至地面的操作箱。千斤顶安装示意见图4.1-3，液压千斤顶实物见图4.1-4。

3. 超声波检测仪

（1）超声波检测仪设置和选择

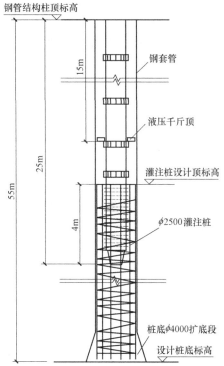

图 4.1-2　钢套管孔内液压千斤顶设置安放示意图

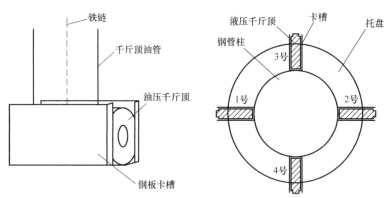

图 4.1-3　液压千斤顶安装设置示意图

图 4.1-4　液压千斤顶实物图

钢管柱下放至设计标高后，将超声波检测仪架设在钢管结构柱工具柱顶，并从工具柱中心孔内下放实施探测。本工艺选用 UDM100WG 检测仪，其测量精度为 0.2%FS，测量最大孔径为 4.0m。超声波仪器见图 4.1-5。

图 4.1-5　超声波成孔检测仪实物

（2）超声波检测原理

将超声波传感器沿充满泥浆的钻孔中心以一定速率下放，在探头下放过程中，接收并记录垂直孔壁的超声波脉冲反射信号，直观对孔内 X、X'、Y、Y' 四个方向同时进行孔壁状态监测，通过屏幕显示孔径、垂直度等参数，检测数据可以随时回放或打印输出，便于数据资料的分析和管理，为液压千斤顶回顶钢套管、调节钢管结构柱垂直度提供实时的动态监控数据，具体见图 4.1-6。

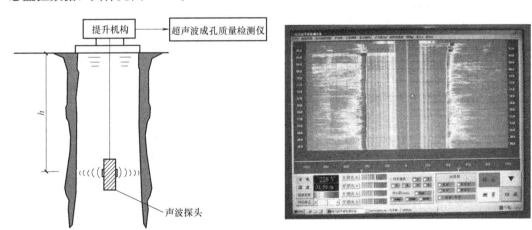

图 4.1-6　检测仪检测示意平面图及数据显示屏

4.1.6　钢管柱、千斤顶、检测仪协同测控定位原理

当钢管结构柱后插入灌注桩顶混凝土后，在钢管柱顶设置超声波检测仪测定钢管柱垂直度，同时在孔口根据测量的钢管柱偏差数据，操作液压千斤顶调节 4 个千斤顶缩放，并

通过钢套管为液压千斤顶提供支撑点和调节点，对钢管结构柱垂直度进行实时动态调节定位；通过反复数据测量、自动回顶调节操作，直至钢管柱中心点与钢套管中心点重合。具体钢管柱垂直度、中心点偏差调节定位过程见图 4.1-7～图 4.1-9。

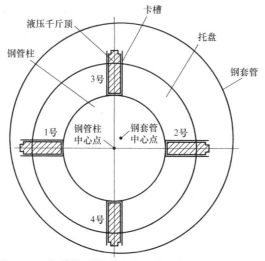

图 4.1-7 钢管柱后插垂直度、中心点偏差状态示意图

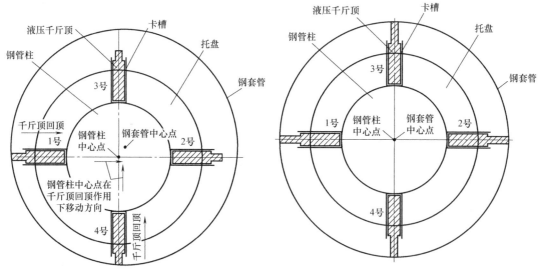

图 4.1-8 千斤顶回顶套管调节钢管柱 垂直度、中心点示意图

图 4.1-9 钢管柱垂直度调节后中心点重合示意图

4.1.7 施工工艺流程

逆作法钢管柱后插法钢套管与液压千斤顶综合定位施工工艺流程见图 4.1-10。

4.1.8 工序操作要点

1. 平整场地、桩位放线定位、全回转钻机就位

（1）由于旋挖机、全回转设备等均为大型机械设备，对场地要求比较高，施工前需对

图 4.1-10 逆作法钢管柱后插法钢套管与液压千斤顶综合定位施工工艺流程图

场地进行硬地化处理。

（2）采用 JAR-260H 型全回转钻机，钻机功率 368kW，最大钻孔直径 2.6m，本项目设计桩径 2.5m，可以满足本项目需求。

（3）全回转钻机高度为 3.02m，为适应旋挖机能正常工作，预先将地面降低 80cm。

（4）用全站仪测量放线定位桩位坐标点，以"十字交叉法"引至四周用短钢筋做好护桩，在桩位中心点处用短钢筋进行标识。

（5）全回转钻机就位前，先安放定位板，定位板安放到位后吊放全回转钻机；定位板四个角设置定位卡槽，钻机就位时对中定位板卡槽完成就位。

（6）全回转钻机就位后，利用四角油缸支腿调平，并对钻机中心点进行复核，确保钻机中心位置与桩位中心线重合。

全回转定位板安放见图 4.1-11，钻机对中定位板就位见图 4.1-12，钻机就位见图 4.1-13。

图 4.1-11　安装定位板

图 4.1-12　钻机对中定位板

图 4.1-13　全回转钻机就位

2. 全回转钻机安放钢套管

（1）为保证钢管结构桩垂直度及防止钻孔坍塌，护壁采用全回转钻机安放。钢套管因钢管结构柱底部混凝土桩桩径为 2.5m，因此选用直径 2.5m、壁厚 40mm 的钢套管；钢套管长度每节 4m 或 6m，平均总长 20m。

（2）钢套管在专门钢结构厂订制，出厂前检查合格后运至现场；使用前，对每节套管编号，做好标记，按序拼装。

（3）套管检查完毕后，用全回转钻机分节安放钢套管；安放时，将全回转钻机就位对中，压入底部钢套管时，用全站仪检查其垂直度，待底部套管被压入约 1.5m 后，检查套管中心与桩中心的偏差，保证偏差值满足规范要求。

（4）全回转钻机回转驱动套管的同时下压钢套管，配合使用冲抓斗反复从钢套管内取土，抓斗取土时保证套管超过成孔深度 2m 左右。当每节套管压入桩孔内在钻机平台上剩余 50cm 左右时，及时接入下一节套管，以满足成孔需求。

（5）在钢套管压入过程中，用全站仪不断校核垂直度，并利用钻机上垂直调节系统来调整钢套管垂直度，直至将套管安放至指定深度。钢套管的长度按基坑底以上 1.0m 控制。

全回转钻机安放钢套管护壁见图 4.1-14，钢套管护筒安放到位见图 4.1-15。

3. 旋挖钻机直孔段钻进成孔

（1）钢套管护筒安放到位后移开全回转设备，山河 SEDM550 旋挖钻机就位进行钻进成孔作业。

图 4.1-14 全回转钻机安放钢套管护壁

图 4.1-15 钢套管护筒安放到位

（2）旋挖钻进作业过程中，采用旋挖钻斗取土钻进，并实时监测钻孔深度和垂直度等控制指标，达到设计孔深后进行清孔捞渣作业。旋挖钻机钻进见图 4.1-16。

4. 旋挖钻机桩底扩底

（1）旋挖钻机施工至桩底设计标高后，转换旋挖扩底钻头，对桩底进行扩底。

（2）扩底钻头边旋转边加压，并在钻进中边旋转边伸展钻头斗门，通过预先设置的扩底钻进行程控制扩底直径，直至完成扩底施工至 4000mm。

（3）扩底钻进完成后，进行清孔，清孔采用旋挖捞渣钻头或反循环进行。

旋挖钻机扩底钻头见图 4.1-17。

图 4.1-16 旋挖钻机钻进成孔

图 4.1-17 旋挖钻机扩底钻头

109

5. 钢筋笼制安、导管安放、灌注桩身混凝土

（1）清孔到位后，吊放钢筋笼；钢筋笼采用分段制作，每节最大长度不超过 30m，在孔口用套筒连接。

（2）采用 300mm 导管对桩身混凝土进行灌注，为了保证成桩质量，严格控制孔底沉渣，钢筋笼、灌注导管下放到位后进行清孔；清孔采用气举反循环法，循环泥浆经净化器分离处理。

（3）孔底沉渣符合设计要求后，即实施桩身混凝土灌注；为保证后续有充足的时间安放纠偏钢立柱等工序，采用不小于 24h 的超缓凝混凝土；灌注时，严格控制灌注高度和埋管深度，控制混凝土的灌注标高，防止混凝土灌入钢套管中导致后续难以拔出。

钢筋笼吊装及套筒连接见图 4.1-18，现场灌注桩身混凝土见图 4.1-19。

图 4.1-18　钢筋笼吊装及套筒连接

图 4.1-19　现场桩身灌注混凝土

6. 万能平台及全回转钻机就位

（1）钢管结构柱底部桩基混凝土灌注完成后清理场地，重新校核、定位钢管结构柱中心点。

（2）万能平台采用双层双向十字重合就位方法，即万能平台就位后调整水平并复核，确保平台设备的中心点与钢管结构柱中心点保持一致，具体见图 4.1-20、图 4.1-21。

图 4.1-20　定位平衡板中心点就位

（3）随后吊运全回转钻机至万能平台上，就位后调整全回转钻机水平状态并进行复核，确保全回转设备的中心点与钢管结构柱中心保持一致，全回转钻机吊装就位见图4.1-22。

图4.1-21 复核定位平衡板中心点

图4.1-22 全回转钻机吊装就位

7. 钢管结构柱与工具柱现场对接

（1）钢管结构柱与工具柱采用同心同轴平台进行对接，对接原理是根据钢管结构柱和工具柱半径的不同，预先制作满足完全精准对接要求的操作平台，平台按设计精度的理想对接状态设置，并采用弧形金属定位板对柱体进行位置约束，确保钢管柱和工具柱吊放至对接平台后两柱处于既同心又同轴状态，将固定螺栓连接后即可满足高效精准对接。对接平台三维模型示意见图4.1-23。

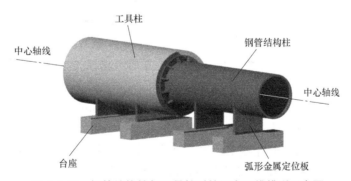

图4.1-23 钢管结构柱与工具柱对接平台三维模型示意图

（2）现场制作同心同轴平台时，先灌注高30cm的C25混凝土台座；弧形金属定位板选用厚度为10mm的钢板，严格按照钢管柱和工具柱的半径尺寸加工制作；在定位板两端焊接槽钢固定。根据设计标高位置将弧形金属定位板嵌固在台座上，对接平台实物图见图4.1-24、图4.1-25。

（3）钢管结构柱、工具柱吊运至对接平台后，需对两柱连接处螺栓口位置进行微调对准；钢管柱和工具柱连接处的螺栓口对准后，插入螺栓。钢管结构柱和工具柱垂直度检核满足要求后，即可开始进行焊接固定，焊接完成后，钢管柱与工具柱连接处的空隙采用密封胶二次密封，对接完成后整体就位，具体见图4.1-26。

图 4.1-24 钢管柱对接平台

图 4.1-25 工具柱对接平台

图 4.1-26 钢管柱和工具柱连接固定螺栓

8. 钢管结构柱及千斤顶安放

（1）钢管柱设计直径 1.3m，平均长度约 25m。为了保证钢管结构柱的垂直度，钢管结构柱按照设计长度在钢结构加工厂一次性加工成型，并在厂内完成与现场同规格工具柱的试拼接工作，然后整体运输至现场。

（2）采用后插法工艺安放钢管结构柱，钢管结构柱底部设计为封闭的圆锥体，为了防止钢管结构柱底部的栓钉刮碰到钢筋笼，影响钢管柱的顺利安放，沿竖向在每排栓钉的外侧加焊一根 $\phi 10$ 的光圆钢筋。

（3）安装液压千斤顶装置

1）单个装置由 1 个钢板焊接而成的独立长方形卡槽及 1 套液压千斤顶组成，共计 4 组。

2）安装位置及方法：钢管柱连接时，先在钢管柱约 15m 位置安装托盘，将 4 个长方形卡槽均匀分布焊接在托盘上。在钢管柱下放至孔口时，将 4 个液压千斤顶放在钢板卡槽内，千斤顶连接铁链、液压管连接千斤顶引至地面的操作箱。千斤顶随钢管结构柱下放至预定位置，为后续钢管桩定位纠偏做准备，液压千斤顶安装实物见图 4.1-27、液压千斤顶操作箱见图 4.1-28。

（4）采用 200t 的履带起重机作为主吊、80t 的履带起重机作为副吊，利用双机抬吊吊起钢管结构柱至垂直状态，然后缓慢插入钢套筒内。

（5）当钢管结构柱下放至混凝土面时，用全回转设备和万能平台的夹紧装置同时抱紧工具柱。万能平台和全回转设备均处于水平状态，依靠两点定位原理，保证钢管结构柱处于垂直状态。

（6）松开万能平台夹片，由全回转设备抱紧插入钢管结构柱，插入一个行程后万能平台抱紧工具柱，全回转钻机松开夹紧装置并上升一个行程后夹紧工具柱，循环以上动作直至钢管柱插入设计标高（入基坑底 4m）。钢管结构柱起吊及安放见图 4.1-29。

千斤顶安装位置

图 4.1-27　千斤顶安装实物　　　　　　图 4.1-28　液压千斤顶操作箱

图 4.1-29　钢管结构柱起吊及安放图

（7）钢管柱安放到位后采用全站仪再次进行复测，钢管柱安放后复测见图 4.1-30。

9. 钢管柱顶设置超声波实时监测

（1）在钢管结构柱安放完成后，将"UDM100WG 超声成孔检测仪"架设在钢管结构柱工具柱中心点上，见图 4.1-31。

（2）超声波传感器（探头）在升降装置的控制下从孔口匀速下降，侵入成孔的泥浆里，探头向孔内周围的四个方向同时发射超声波脉冲，超声波脉冲穿过泥浆介质，在遇到孔壁时被反射至探头并转换为超声信号。

（3）超声信号传送至检测仪控制器上并分析和管理资料数据，在控制器上直观地形成钻孔孔径、垂直度、孔壁坍塌等状况，为液压千斤顶调节提供实时监测。

10. 钢管柱液压千斤顶协同调节定位

在工具柱顶上，根据检测仪测定的钢管柱位置偏差值，动态调节 4 个千斤顶伸缩，通

图 4.1-30 钢管柱就位后复测

图 4.1-31 超声成孔检测仪测垂直度

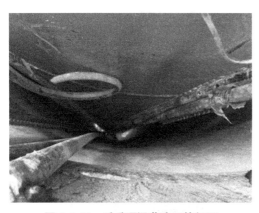

图 4.1-32 千斤顶调节液压管加压

过钢套管为液压千斤顶提供支撑点和调节点，对钢管结构柱垂直度进行实时调节定位；通过反复数据测量、自动回顶调节操作，直至钢管柱中心点与钢套管中心点重合，千斤顶调节液压油管加压见图 4.1-32。

11. 固定钢管柱、移出全回转钻机

（1）待桩身混凝土养护 24h 后，移出全回转钻机。

（2）为了避免钢管结构柱变形，移出全回转钻机前用 4 块钢板将工具柱对称焊接固定在孔口钢套管上，现场焊接固定钢板见图 4.1-33。

图 4.1-33 工具柱与护筒临时焊接固定

12. 灌注钢管结构柱内混凝土

（1）全回转钻机移出后，吊运装配式混凝土灌注平台固定在工具柱顶部位置。

（2）平台采用整体制作、整体吊装，并固定在工具柱顶；平台预留工作洞口，洞口直径略小于工具柱的直径，平台吊放时置于工具柱口，确保平台在平面上得以稳固支撑。

（3）平台底部在工具柱的四周设置竖向固定角撑，4个角撑与工具柱壁紧贴，在垂直方向将平台予以限位，并使用钢筋斜撑对平台进行加固；采用螺栓对竖向固定角撑进行固定，进一步确保装配式灌注平台稳固；在操作平台四周设置安全护栏和安全网，以及人行上下爬梯，确保操作人员作业安全。

（4）平台吊装完成后，采用吊车吊放灌注导管和初灌斗至钢管结构柱内。

（5）罐车将混凝土卸入料斗内，采用吊车吊运料斗至初灌斗进行柱内混凝土灌注，灌注至钢管柱顶标高；混凝土采用C35补偿收缩混凝土，并加入少量的微膨胀剂。

灌注装配式平台三维模型见图4.1-34，钢管柱内混凝土灌注见图4.1-35。

图4.1-34 装配式灌注平台三维模型

图4.1-35 钢管柱内混凝土灌注

13. 拆除千斤顶、工具柱

（1）钢管结构柱内混凝土灌注完成后，为了避免钢管结构柱下沉，需等待柱内混凝土初凝并达到一定强度后方可拆除工具柱，一般等待不少于24h。

（2）拆除工具柱前，将4个液压千斤顶泄压，拉动连接千斤顶的铁链，将千斤顶提拉出孔外拆除。

（3）人工下入工具柱内，拆除工具柱与钢管柱连接螺栓，见图4.1-36；连接螺栓拆除后，割除工具柱与套管的临时固定钢块，将工具柱拆除，见图4.1-37。

图4.1-36 人工拆除工具柱与钢管柱连接螺栓

14. 回填碎石、拔出钢套管

（1）为了避免钢管结构柱受力不均发生偏斜，在拆除工具柱前对钢管结构柱与钢套管

图 4.1-37　割除工具柱与护筒的临时固定钢板图

间隙回填碎石，采用人工沿四周均匀回填。

（2）碎石回填完成拆除工具柱后，用振动夹配合吊车拔出钢套管。

（3）钢套管拔出后，再对孔内进行碎石回填至地面，完成钢管结构柱施工。

拔出钢套管见图 4.1-38，孔内回填碎石见图 4.1-39。

图 4.1-38　拔出钢套管　　　　　　　　　图 4.1-39　孔内回填碎石

4.1.9　材料与设备

1. 材料

本工艺所用材料及器具主要为钢套管、混凝土、钢筋、钢板、连接螺栓、护壁泥浆等。

2. 设备

本工艺现场施工主要机械设备配置见表 4.1-1。

主要机械设备配置表　　　　　　　　　　　表 4.1-1

名称	型号	数量	备注
全回转钻机	JAR-260H	1 台	下压钢套管、配 2 套万能平台
旋挖机	山河 SEDM550	1 台	配合成孔
液压千斤顶	JRRH-100T	4 套	回顶钢套管

名称	型号	数量	备注
履带起重机	200t	1台	吊装作业
履带起重机	80t	1台	吊装作业
挖掘机	PC200	1台	配合施工作业
振动夹	360	2台	拔除钢套管
泥浆泵	3PN	2台	泥浆循环
超声成孔检测仪	UDM100WG	1台	钢管柱垂直度检测
电焊机	ZX7-400T	10台	现场钢筋焊接

4.1.10 质量控制

1. 钢管结构柱中心线

（1）采用十字交叉法定位出桩位中心线后，并对桩位中心做好标记。

（2）旋挖钻机成孔时，实时监控垂直度情况，出现偏差。

（3）定位板放置前，保证场地平整、坚实。

2. 钢管结构柱垂直度

（1）垂直方向设置两台全站仪，在钢管柱下压过程中监测工具柱柱身垂直度，出现误差及时调整。

（2）工具柱顶部使用超声成孔检测仪，钢管结构柱安放后通过检测仪上的数据，为调节钢管结构柱垂直度提供实时动态监测数据。

3. 钢管结构柱水平线

（1）钢管柱下放到位后，在工具柱顶选4个点对标高进行复测，误差需均在5mm范围以内。

（2）混凝土初凝时间控制在36h，以避免钢管柱下放到位前桩身混凝土初凝，使钢管柱无法下插至桩身混凝土内。

4. 液压千斤顶安装及使用

（1）液压千斤顶的规格选型满足现场的实际需求。

（2）安放液压千斤顶的钢板长方形卡槽在钢管柱托盘上焊接牢固，防止脱落。

（3）液压千斤顶及供油管在安装前检查密封性，保证能正常工作。

5. 钢筋笼及钢管结构柱安装

（1）钢筋笼分段制作，每段长度不超过30m，在孔口进行套筒连接接长。

（2）为了保证拼接质量，钢管结构柱与工具柱在专用的加工操作平台上对接。

（3）钢筋笼和钢管结构柱吊装前，对工人进行安全技术交底，吊装时有信号司索工进行指挥，采用双机抬吊方法起吊。

6. 混凝土灌注

（1）混凝土灌注时导管安放到位，并保证足够的初灌量满足埋管要求。

（2）混凝土灌注过程中，始终保证导管的埋管深度在2～6m。

（3）对钢管结构柱四周间隙及时进行回填，采用碎石以人工沿四周均匀、对称的方式回填。

4.1.11　安全措施

1. 钢管柱和工具柱对接

（1）钢管柱、工具柱进场后，按照施工分区图堆放至指定区域，要求场地地面硬化、不积水，分类堆放，搭设台架单层平放，使用木楔固定防止滚动。

（2）吊车分别将对接的钢管结构柱、工具柱吊放至对接平台上，采用木楔固定，防止钢管结构柱和工具柱左右滚动。

（3）现场钢管柱及工具柱较长较重，起吊作业时，派专门的司索工指挥吊装作业；起吊时，将施工现场起吊范围内的无关人员清理出场，起重臂下及影响作业范围内严禁站人。

（4）测量复核人员登上钢管柱时，采用爬楼登高作业，并做好在钢管顶部作业的防护措施。

2. 全回转钻机及旋挖钻机施工

（1）作业前，全回转钻机及旋挖钻机进行试运转，检查传动部分、工作装置、防护装置等是否正常。

（2）施工场地进行平整或硬化处理，确保旋挖钻机、全回转钻机等大型机械施工时不发生沉降位移。

（3）旋挖钻机钻进作业时，机械回转半径内严禁站人；钻机成孔时如遇卡钻，立即停止下钻，未查明原因前不得强行启动。

（4）钻孔取出的渣土集中堆放并及时清理，不得在孔口随意堆放。泥浆池要进行围挡，孔口溢出的泥浆及时处理。

3. 钢管结构柱下放及吊装作业

（1）对钢管结构柱需进行吊运验算，严禁使用不满足吊运能力的设备作业。

（2）起重吊装作业设专人进行指挥，作业时吊车回转半径内人员全部撤离至安全范围。

（3）机械设备及时检修，严禁带故障运行及违规操作。

（4）全站仪、超声成孔检测仪等设备需由专业人员操作，避免误操作造成设备损坏。

（5）钢管柱安装到位，下入工具柱内进行工具柱拆除时，需佩戴好安全帽、保险绳等安全防护设备。

4.2　逆作法"旋挖＋全回转"钢管柱后插法定位施工技术

4.2.1　引言

为了缓解交通压力，近年来城市的地铁建设飞速发展。受周边环境制约以及地质条件等因素影响，在地铁车站工程中多采用盖挖逆作法施工，其地铁车站结构中的钢管结构柱作为永久结构的一部分。规范和设计对钢管结构柱的施工精度要求高，有的项目钢管结构柱的垂直度偏差要求达到其长度的 1/1000 且最大不大于 15mm。对于超深、超长钢管结构柱，采用钢管结构柱和孔底钢筋笼在孔口对接、分两次浇筑的传统施工工艺难以满足精度要求。

针对上述问题，项目组研究形成了逆作法钢管结构柱后插法定位施工技术，并成功应用于深圳市城市轨道交通 13 号线深圳湾口岸站项目，通过全回转设备结合万能平台，采用后插法工艺进行钢管结构柱的安放，同时在安放过程中利用倾角传感器对钢管结构柱的垂直度进行实时动态监控，并利用全回转设备进行适当微调，最终达到定位精度可靠、缩短工期、节约成本的效果。

4.2.2 项目应用

1. 工程概况

深圳湾口岸站是深圳市城市轨道交通 13 号线工程的起点站，车站站位设置于深圳湾口岸内，沿东南、西北方向斜穿整个深圳湾口岸深方部分。车站总长约 330.65m（左线）、337m（右线），标准段总宽 35.2m，配线段宽 22.3～23.8m，主体结构为地下二层结构，车站底板埋深约 19.5m。

2. 逆作法设计

深圳湾口岸基础结构采用盖挖逆作法施工，盖挖逆作围护结构采用 $\phi1800@1450$mm 全荤套管咬合桩，竖向支撑构件为钢立柱，钢立柱下设置永久桩基础。钻孔灌注桩直径 1.8m，桩底持力层为中风化母花岗岩，最大钻孔深度 105m，平均孔深 85m。钢管柱直径 800mm（$t=30$mm），钢管长度 17.93～21.63m，钢管内混凝土强度等级 C60，钢管外混凝土强度等级为 C50。逆作法钢管结构柱剖面示意见图 4.2-1。

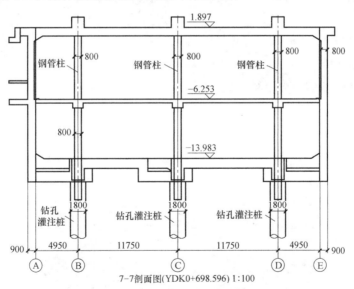

图 4.2-1 逆作法钢管结构柱剖面示意图

3. 钢管结构柱吊装质量要求

（1）立柱中心线和基础中心线允许偏差±5mm；

（2）立柱顶面平整度 5mm；

（3）各立柱垂直度：不大于长度的 1/1000，最大不大于 15mm；

（4）各柱之间的距离：间距的±1/1000。

图 4.2-2　逆作法钢管结构柱完工

4. 逆作法施工及检测

该项目逆作法施工采用全回转钻机下入深长护筒，确保了护筒的垂直度；利用大扭矩旋挖钻机钻进超深钻孔，实现快速钻进和入岩；综合使用万能平台和全回转钻机组成的作业平台，实施钢管结构柱后插精准定位，达到便捷高效、安全可靠的效果。施工完工现场见图 4.2-2。

5. 逆作法结构开挖

逆作法基础结构施工于 2021 年 1 月顺利完工，现场声测管、抽芯检测满足设计要求，基坑开挖效果见图 4.2-3、图 4.2-4。

4.2.3　工艺特点

1. 综合施工效率高

（1）钢管结构柱在工厂内预制加工并提前与工具柱进行试拼装，大大提升了现场作业效率。

图 4.2-3　逆作法开挖

图 4.2-4　逆作法开挖后钢管结构柱

（2）立柱成孔采用大功率德国进口宝峨 BG55 旋挖机，设备性能稳定、施工效率高，桩底入岩采用分级扩孔工艺，尤其对长桩的施工效率提升显著。

（3）后插法工艺无需钢管结构柱和钢筋笼孔口对接环节，节省了大量施工时间；万能平台替代全回转设备对钢管结构柱进行加持固定，避免了设备占用，提高了全回转设备的周转利用率。

2. 施工控制精度高

（1）本工艺利用全回转设备垂直度控制精度高的特点，精确安放 15m 长护筒，在保证孔口地层稳定的同时，护筒的辅助导向功能为桩身垂直度施工控制提供可靠的前提保证。

（2）钻进成孔采用德国宝峨 BG55 旋挖机，设备自身带有孔深和垂直度监测控制系统，能够在成孔过程中随时进行纠偏调整；成孔完成后采用"DM-604R 超声波测壁仪"对灌注桩的孔深、孔径、垂直度等控制指标进行测量，保证施工质量满足设计要求。

（3）钢管结构柱垂直度利用倾角传感器进行实时动态监控，其控制精度高达 0.1°，能够很好地保证钢管结构柱的垂直度。

（4）桩身混凝土采用超缓凝混凝土，有利于钢管结构柱的插放和定位。

3. 安全、绿色、环保

（1）旋挖机成孔产生的渣土放置在专用储渣箱内，施工过程中泥头车配合及时清运，有效避免了渣土堆放影响文明施工。

（2）施工过程中的泥浆通过泥砂分离系统进行渣土分离，提高泥浆循环利用率，减少泥浆排放量；同时，系统分离出来的泥砂渣土装编织袋，可综合利用作为砂包堆放在桩孔四周，导流集聚泥浆便于回收利用，还可以避免溢出的泥浆随意外流，符合绿色环保的要求。

4.2.4 适用范围

适用于深基坑支撑体系中的超长钢管结构柱定位施工和逆作法钢管结构柱后插法定位施工。

4.2.5 工艺原理

本工艺采用后插法定位技术进行施工，通过分别控制下部灌注桩和上部钢管结构柱的定位及垂直度的方法和原理进行定位，其关键技术包括钢管结构柱下部灌注桩施工和钢管结构柱后插法定位施工两部分。

1. 钢管结构柱下部灌注桩施工

利用全回转钻机安放 15m 长的钢套管，作为钢管结构柱底部灌注桩成孔时的护壁长护筒，为桩孔垂直度控制提供导向定位。钻进采用德国进口的大功率宝峨 BG46 旋挖钻机钻进成孔，其设备稳定性好，且自身内置先进的定位和垂直度监控及纠偏系统；成孔后采用日本 DM-604R 超声波测壁仪对成孔质量进行检测，直接打印孔壁垂直度结果，确保桩身成孔质量满足设计要求，打印出的孔壁垂直度检测结果具体见图 4.2-5；最后安放钢筋笼、灌注桩身混凝土，完成钢管结构柱下部的灌注桩施工。

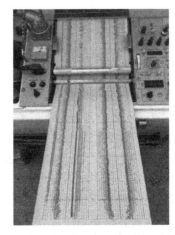

图 4.2-5 孔壁垂直度检测结果打印

2. 钢管结构柱后插法定位施工

后插法综合定位施工技术主要根据两点定位
的工作原理，通过全回转钻机自身的液压定位装置和垂直液压系统，结合万能平台将底端封闭的钢管结构柱垂直插入至初凝前的下部灌注桩混凝土中（混凝土采用缓凝混凝土，缓凝时间约 36h）。

（1）施工时，先将万能平台和全回转设备调至指定位置，调水平、校准中心位置。

（2）在专用操作平台上连接工具柱与钢管结构柱，并在工具柱的水平板上安装一个倾角传感器；利用全回转设备和万能平台的液压控制系统加持抱紧钢管结构柱的工具柱，依据"两点一线"原理，调整倾角传感器显示仪上读数，作为钢管结构柱垂直的初始状态。

（3）松开万能平台夹片，由全回转设备抱紧插入钢立柱，插入一个行程后万能平台抱紧工具柱，全回转钻机松开夹紧装置并上升一个行程，然后夹紧工具柱；循环以上操作，直至钢管结构柱插入设计标高。在钢管结构柱下插过程中，通过倾角传感器配套的显示仪实时监控钢管结构柱的垂直状态，如有偏差则利用全回转钻机进行精确微调。

（4）安放桩顶插筋、浇筑钢管结构柱内混凝土后，全回转设备和万能平台始终保持加持抱紧工具柱的状态，直至钢管结构柱下部灌注混凝土达到一定强度。

（5）拆除工具柱后移除全回转钻机和万能平台，向孔内均匀回填碎石；通过过程中一系列的操作和控制措施，完全保证钢管结构柱的定位和垂直度满足设计的精度要求。

4.2.6　施工工艺流程

逆作法"旋挖＋全回转钻机"钢管结构柱后插法施工工艺流程见图 4.2-6。

4.2.7　工序操作要点

1. 场地平整、桩位放线定位

（1）由于旋挖机、全回转设备等均为大型机械设备，对场地要求比较高，施工前需要对场地进行规划和处理。

（2）为了保证机械作业安全，对机械行走路线和作业面进行硬化处理。

（3）用全站仪测量放线确定桩位坐标点，以"十字交叉法"引至四周用短钢筋做好护桩，在桩位中心点处用短钢筋进行标识。

2. 全回转钻机就位

（1）全回转钻机就位前，先安放定位板，用"十字交叉法"进行定位，定位板安放见图 4.2-7。

（2）定位板安放到位后，吊放全回转设备；吊装时，安排司索工现场指挥；起吊后，缓缓提升，移动位置时安排多人控制方向；定位板 4 个角位置设有卡槽，钻机相应的固定角完全置于定位板卡槽内，可大大节省全回转钻机就位的时间并确保设备定位的准确度。全回转钻机吊装、就位见图 4.2-8、图 4.2-9。

（3）全回转设备就位后，吊放液压动力柜，起吊高度及安全范围内无关人员撤场，具体见图 4.2-10；动力柜按规划位置就位后，安装动力柜液压系统，具体见图 4.2-11。

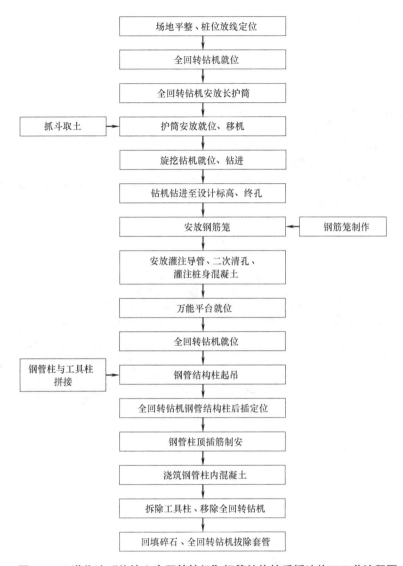

图 4.2-6 逆作法"旋挖＋全回转钻机"钢管结构柱后插法施工工艺流程图

图 4.2-7 吊放定位板

图 4.2-8 全回转钻机吊装

123

图 4.2-9 全回转钻机就位

图 4.2-10 吊放液压动力柜

图 4.2-11 安装液压油管系统

（4）钢管结构柱底部灌注桩设计直径 1.8m，全回转钻机选用 1.8m 的钢套管作为护筒，安装 1.8m 的定位块夹片，并安装全回转钻机反力叉。全回转钻机安装 1.8m 定位块见图 4.2-12，安装反力叉见图 4.2-13。

图 4.2-12 全回转钻机安装 1.8m 定位块

图 4.2-13 全回转钻机安装反力叉

3. 全回转钻机安放长护筒

（1）选用直径 1.8m 的钢套管作为长护筒，套管使用前，对套管垂直度进行检查和校正，首先检查和校正单节套管的垂直度，垂直度偏差小于 $D/500$（D 为桩径）；然后，检查按要求配置的全长套管的垂直度，并对各节套管编号，做好标记。

（2）套管检查校正完毕后，采用吊车将套管起吊安放至全回转钻机，在钻机平台按中心点就位，地面派人吊垂线控制护筒安放垂直度，长护筒套管吊装见图4.2-14。

图4.2-14 长护筒套管吊装

4. 抓斗取土

（1）套管就位后，采用冲抓斗套管内配合取土，具体见图4.2-15。

图4.2-15 冲抓斗套管内取土作业

（2）全回转设备回转驱动套管并下压套管，实现套管快速钻入上部土层中；钻进过程中，根据地层特性保持一定的套管超前支护，直至将套管安放至指定标高位置，具体见图4.2-16。

5. 护筒安放就位、吊移全回转钻机

（1）套管就位后，采用吊车将全回转钻机移开孔位，并将定位板同时吊移，全回转钻机吊移孔位见图4.2-17。

图4.2-16 全回转钻机液压下压套管　　　　图4.2-17 全回转钻机吊移孔位

（2）全回转钻机吊离孔位后，对孔口进行安全防护，防止人员和外物坠入。具体见图 4.2-18。

6. 旋挖钻机就位、钻进

（1）由于灌注桩设计直径大、桩孔平均深 85m，现场施工采用宝峨 BG46 旋挖钻机成孔，具有扭矩大、钻进工效高的特点；钻机就位前，在钻机履带下铺设钢板。旋挖钻机孔口就位见图 4.2-19。

图 4.2-18　全回转钻机吊离后孔口安全防护　　　　图 4.2-19　旋挖钻机孔口就位

（2）钻进前，对护筒四周用砂袋砌筑，防止泥浆外溢；同时，向孔口泵入泥浆，保持孔内泥浆液面高度，维持孔壁稳定，具体见图 4.2-20。

图 4.2-20　护筒内泥浆管输入泥浆

（3）采用旋挖钻斗取土钻进，钻斗钻渣直接倒入孔口附近的泥渣箱内，见图 4.2-21、图 4.2-22。

图 4.2-21　旋挖钻斗入孔钻进

图 4.2-22 旋挖钻斗钻渣箱出渣

（4）宝峨旋挖机自带有孔深和垂直度监测系统，钻孔作业过程中实时观测钻孔深度和垂直度等控制指标，如有偏差及时进行调整纠偏。

（5）对于桩底入岩采用分级扩孔工艺钻进，先钻取直径 φ1500mm 岩芯至桩底，再采用直径 φ1800mm 扩孔钻进，分级护孔钻进见图 4.2-23。达到设计桩长后，采用专用的捞渣钻头进行清孔作业，终孔后采用"DM-604R 超声波测壁仪"对成孔质量检测，并进行终孔验收。现场测量孔深见图 4.2-24。

图 4.2-23 入岩分级扩孔　　　　　　　　**图 4.2-24 钻孔孔深孔验收**

7. 安放钢筋笼

（1）清孔到位后，及时安放钢筋笼；钢筋笼安放前，会同监理工程师进行隐蔽验收，现场钢筋笼隐蔽验收见图 4.2-25。

（2）由于桩身较长，钢筋笼采用分段吊装、孔口焊接的工艺进行安放；钢筋笼采用双点起吊，起吊点按吊装方案设置，吊装作业前对作业人员进行安全技术交底。钢筋笼双吊点起吊见图 4.2-26。

（3）钢筋笼缓慢起吊，至垂直后松开副吊点，移动至孔口并下放，具体见图 4.2-27；下放笼顶至孔口位置，插双杠临时固定在孔口，见图 4.2-28；随即，起吊另一节钢筋笼，并在孔口对接，具体见图 4.2-29。

（4）鉴于钢筋笼顶距地面较深，为控制好桩顶混凝土灌注标高，采用"灌无忧"装置

图 4.2-25　现场钢筋笼隐蔽验收

图 4.2-26　钢筋笼双吊点起吊

图 4.2-27　钢筋笼起吊、入孔

图 4.2-28　钢筋笼孔品固定

图 4.2-29　钢筋笼孔口对接

配合作业，通过在笼顶埋设压力传感器，灌注过程中传感器采集周围介质的电学特性和压力值变化，转化为电信号通过电缆传送给主机板；当混凝土灌注至传感器位置并被接收后，主机板指示灯发亮做出警示。具体见图4.2-30。

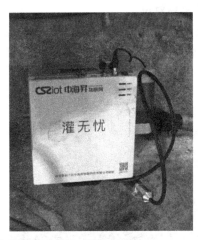

图 4.2-30　钢筋笼顶混凝土标高控制传感器及"灌无忧"主机

8. 安放灌注导管、二次清孔及灌注混凝土

（1）钢筋笼安放到位后及时下放导管，导管选用直径300mm、壁厚10mm的无缝钢管；导管位于桩孔中心安放，连接封闭严密，导管底部距孔底30～50cm。导管见图4.2-31。

（2）导管安放完毕后，检测孔底沉渣厚度；如沉渣厚度超标，则采用气举反循环工艺二次清底。二次清孔达到设计要求后，及时灌注桩身混凝土；初灌采用3m³大斗灌注，灌注前用清水湿润。灌注料斗吊运至孔口，底部开口处对准混凝土灌注导管，灌注料斗在孔口安放稳固。

（3）采用球胆作为隔水塞，初灌前将隔水塞放入导管内，压上灌注斗底部导管口盖板，然后倒入混凝土；初灌时，混凝土罐车出料口对准灌注斗，待灌注斗内混凝土满足初灌量时，提升导管口盖板，此时混凝土即压住球胆冲入孔底，同时罐车混凝土快速卸料进入料斗完成初灌。桩身混凝土大斗初灌见图4.2-32。

图 4.2-31　桩身混凝土灌注导管　　　　图 4.2-32　桩身混凝土大斗初灌

（4）正常灌注时，为便于拔管操作，更换为小料斗，备好足够的预拌混凝土连续进行；灌注过程中，定期测量混凝土面位置，及时进行拔管、拆管，导管埋深控制在 2～4m，桩顶按设计要求超灌足够的高度。桩身混凝土正常灌注见图 4.2-33。

9. 万能平台就位

（1）钢管结构柱底部桩身混凝土灌注完成后，及时清理场地，重新校核、定位钢管结构柱中心点位，见图 4.2-34。

图 4.2-33　桩身混凝土正常灌注　　　　图 4.2-34　定位钢管结构柱中心点

（2）万能平台吊放前，同样拉线定位平台中心线，具体见图 4.2-35；吊装万能平台时，平台中心线与钢管结构柱中心双线重合，见图 4.2-36。

图 4.2-35　吊装前设置万能平台中心线　　　图 4.2-36　吊装时双中心线重合就位

10. 全回转钻机就位

（1）由于工具柱直径为 1.5m，因此更换直径为 1.5m 全回转设备夹片，现场更换 1.5m 定位块夹片见图 4.2-37。

（2）吊运全回转设备至万能平台，万能平台 4 个角设有卡槽，可以辅助定位确保全回转设备定位准确，见图 4.2-38；全回转设备就位后，调整水平并复核，确保全回转设备的中心点与钢管结构柱中心点保持一致。

11. 钢管柱与工具柱拼接

（1）为了保证钢管结构柱的垂直度，钢管结构柱按照设计长度在钢构厂一次性加工成型，并在现场厂内与工具柱拼接。现场拼接场地硬地化、找平处理，现场加工场见图 4.2-39。

图 4.2-37 更换 1.5m 定位块夹片   图 4.2-38 全回转钻机就位

图 4.2-39 钢管柱与工具柱拼接硬地化场地

（2）拼接时设置专用操作平台，平台由工字钢焊接而成，由 4 个工字竖向架组成；平台竖向工字钢柱底设钢板，并通过混凝土硬地预埋的螺栓固定；竖向柱设置八字斜支撑，确保架体稳定，具体见图 4.2-40；平台钢管柱和工具柱各设置 2 个平台，按钢管柱与工具柱直径不同，预先进行标高设置，实现同轴对接设计，便于柱间对接，具体见图 4.2-41。

图 4.2-40 竖向平台工字钢架   图 4.2-41 钢管柱与工具柱平台同轴设置

（3）拼接时，将钢管柱与工具柱吊至平台上，由于竖向上预先处于同轴，仅需调整中心线至同心同轴后将对接法兰用螺栓固定，并设置三角木楔固定，具体见图 4.2-42。

12. 钢管结构柱起吊

（1）钢管柱与工具柱对接后，在工具柱顶部安放倾角传感器，用于监测控制钢管结构柱

图 4.2-42　钢管柱与工具柱对接及固定

图 4.2-43　倾角传感器安设

的垂直度，其控制精度可达 0.01°，具体见图 4.2-43。

（2）钢管结构柱采用双机同步抬吊，逐步将钢管结构柱由水平状态缓慢转变为垂直状态，然后由主吊转运至桩孔位置。钢管结构柱吊装过程见图 4.2-44。

13. 全回转钻机钢管结构柱后插定位

（1）采用后插法工艺安放钢管结构柱，钢管结构柱底部设计为封闭的圆锥体，为了防止钢管结构柱底部的栓钉刮碰到钢筋笼，影响钢管柱的顺利安放，沿竖向在每排栓钉的外侧加焊一根 $\phi10$ 的光圆钢筋，见图 4.2-45。

（2）利用 200t 的主吊将钢管结构柱缓慢插入桩孔内，对孔口溢出的泥浆采用泥浆泵抽至泥浆箱内。

图 4.2-44　钢管结构柱吊装过程

（3）待工具柱至全回转设备工作平台一定位置时，调整钢管结构柱的姿态，然后用全回转设备和万能平台的夹紧装置同时抱紧工具柱，此时连接钢管柱顶的倾角传感器与倾斜显示仪，校准调整显示仪读数作为钢管结构柱的初始垂直姿态，现场连接测斜仪及倾斜显示仪见图 4.2-46、图 4.2-47。

图 4.2-45 钢管结构柱底部栓钉竖向焊筋处理

图 4.2-46 连接倾斜显示仪   **图 4.2-47 倾斜显示仪**

（4）松开万能平台夹片，由全回转钻机的夹紧装置抱紧工具柱，下压一个行程安放钢管结构柱，然后由万能平台的加紧装置抱紧工具柱，松开全回转设备加紧装置并上升一个行程后再同时抱紧工具柱，循环上述动作直至将钢管结构柱插入设计标高。

（5）在钢管结构柱下插过程中，通过倾角传感器配套的显示仪实时监控钢管结构柱垂直状态；同时，从不同方向采用全站仪同步监测钢管结构柱的垂直度，如有偏差实时利用全回转钻机进行调节，确保垂直度满足设计要求。钢管结构柱安插及垂直度监测见图 4.2-48。

图 4.2-48 钢管结构柱安插及垂直度监测

14. 钢管柱顶插筋制安

（1）为了使钢管结构柱与顶板更好地锚固连接，在其顶部按设计要求安放插筋，见图 4.2-49。

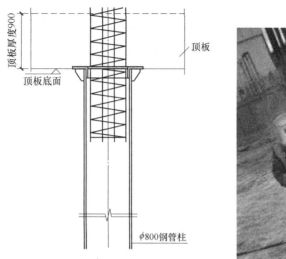

图 4.2-49　柱顶短节钢筋笼

（2）将短节钢筋笼吊放至钢管柱顶，焊接人员从工具柱爬梯下入，采用焊接将钢筋笼与钢管柱固定，具体见图 4.2-50。

图 4.2-50　钢管结构柱顶插筋焊接

15. 浇筑钢管柱内混凝土

（1）采用导管浇筑钢管结构柱内混凝土，混凝土采用 C50 的补偿收缩混凝土，并加入少量微膨胀剂。

（2）浇筑混凝土时，采用吊车和天泵配合并及时拆卸导管，现场浇筑见图 4.2-51，浇筑完成后的柱顶钢筋笼见图 4.2-52。

16. 拆除工具柱、移除全回转钻机

（1）钢管结构柱内混凝土浇筑完成后，保持全回转钻机、万能平台夹紧装置抱紧固定工具柱，稳定状态保持 24h，以便钢管结构柱的稳固。具体见图 4.2-53。

图 4.2-51　全回转钻机平台浇筑钢管柱内混凝土现场

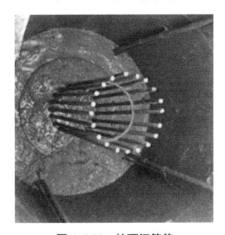

图 4.2-52　柱顶钢筋笼　　　　　　**图 4.2-53　全回转钻机、万能平台稳固工具柱**

（2）为了避免钢管结构柱下沉，需等待下部桩身混凝土初凝，并达到一定强度后方可拆除工具柱，一般至少等待 24h 后拆除工具柱，然后移除全回转钻机和万能平台。

17. 回填碎石、全回转钻机拔除套管

（1）为了避免钢管结构柱受力不均发生偏斜，在钢管结构柱与桩孔间隙回填碎石，回填采用人工沿四周均匀回填，具体回填见图 4.2-54。

（2）将全回转钻机吊至孔位处拔除钢套管护筒。

图 4.2-54　孔口回填碎石

4.2.8　材料与设备

1. 材料

本工艺所用材料及器具主要为钢筋、钢管、混凝土、膨润土等。

2. 设备

本工艺现场施工主要机械设备配置见表 4.2-1。

主要机械设备配置表

表 4.2-1

名称	型号	数量	备注
全回转钻机	JAR260H	1台	配2套万能平台
旋挖钻机	BG46	1台	钻进成孔
履带起重机	200t、80t	2台	吊装
灌注斗	3m³	1个	灌注桩身混凝土
灌注导管	直径300mm	100m	灌注水下混凝土
泥浆泵	3PN	2台	泵入泥浆
超声波钻孔侧壁检测仪	DM-604R	1台	成孔质量检测

4.2.9　质量控制

1. 制度管控措施

（1）钢管结构柱工程施工实行"三检制"（即班组自检、值班技术员复检和专职人员核检），按照项目施工质量管理体系进行管理。

（2）为了确保现场钢立柱定位质量，制定工序流程及操作要点，并制定工序质量验收制度，落实专人现场控制。

2. 钢管结构柱进场验收

（1）为了保证焊接质量和加工精度要求，钢管结构柱按设计尺寸在工厂内进行加工订制。

（2）钢管结构柱加工完成后，出厂前在工厂内与现场同规格型号的工具柱进行试拼装，确保满足设计要求。

（3）钢结构的焊缝检验标准为Ⅱ级，对每一道焊缝进行100％的超声波无损探伤检测，超声波无法对缺陷进行探测时则采用100％的射线探伤。

（4）钢管结构柱进场后，监理对钢管结构柱进行验收，确保钢管壁厚及构件上的栓钉、加劲肋板的长度、宽度、厚度等符合设计要求。

3. 钢筋笼及钢管结构柱安装

（1）钢筋笼制作采用自动滚笼机加工工艺。

（2）钢筋笼及钢管结构柱吊装前，进行隐蔽工程验收，合格后进行吊装作业。

（3）为了保证拼接质量，钢管结构柱与工具柱在专用的加工操作平台上对接。

（4）钢筋笼和钢管结构柱吊装时，配备信号司索工进行指挥，采用双机抬吊方法起吊。

（5）钢管结构柱后插定位时，以工具柱顶安装的倾角传感器及显示仪上的偏差数值控制垂直度；同时，采用全站仪同步监控，确保结构柱垂直度满足要求。

4. 混凝土浇筑及回填

（1）混凝土灌注时，采用大方量灌注斗初灌，以保证初灌时的混凝土量和埋管深度。

（2）混凝土浇灌过程中，始终保证导管的埋管深度在2～6m。

（3）由于桩顶标高处于地面以下较深位置，灌注桩身混凝土时，通过"灌无忧"设备进行桩顶灌注混凝土标高控制。

（4）钢管结构柱四周间隙及时进行回填，采用碎石以人工沿四周均匀对称的方式回填。

4.2.10 安全措施

1. 灌注桩成孔

（1）对旋挖桩场地进行硬地化处理，旋挖钻机履带下铺设钢板作业。

（2）灌注桩成孔完成后，在后续工序未进行时，及时做好孔口安全防护。

（3）旋挖作业区设置临时防护，无关人员严禁进入。

（4）泥浆池进行封闭围挡，孔口溢出的泥浆及时处理，废浆渣集中外运。

（5）钻机移位时，施工作业面保持平整，由专人现场统一指挥，无关人员撤离作业现场，避免发生桩机倾倒事故。

2. 钢管结构柱与工具柱对接

（1）对接采用搭设工字钢竖向架组成的平台，对接场地浇筑混凝土硬地，工字钢架与混凝土硬地螺栓固定，确保对接平台的安全、稳固。

（2）钢管柱与工具柱吊装时，配备专业的司索工指挥，管理人员旁站监督。

（3）吊装就位时，钢管柱和工具主平衡安放，并采用三角木楔临时固定，防止柱滚动。

（4）钢管柱与工具柱对中后，及时采用螺栓固定。

3. 钢管结构柱后插定位

（1）钢管结构柱采用双机抬吊，吊点按照吊装方案的计算位置设置，作业时吊车回转半径内人员全部撤离至安全范围。

（2）在全回转钻机平台上插柱，高空施工过程中做好安全防护，听从指挥操作。

（3）夜间施工设置充足照明。

4.3　基坑钢管结构柱定位环板后插定位施工技术

4.3.1　引言

逆作法施工是一种既能减少基坑变形，又能节省费用、缩短施工工期的施工技术。在深基坑逆作法施工工艺中，中间立柱桩由混凝土桩与钢立柱组成。其中，一部分中间立柱桩的钢立柱是替代工程结构柱的临时结构柱，其主要用于支撑上部完成的主体结构体系的自重和施工荷载；另一部分中间立柱桩的钢立柱为永久结构，在地下结构施工竣工后，钢立柱一般外包混凝土成为地下室结构柱。作为永久结构的钢立柱的定位和垂直度必须严格控制精度，以便满足结构设计要求；否则，会增加钢立柱的附加弯矩，造成结构的受力偏差，从而引起结构破坏。

广州市轨道交通 11 号线工程上涌公园站车站主体结构中柱采用钢管结构柱形式，施工基坑支护时将中间钢管立柱桩作为永久结构施工，钢管结构柱基础为 $\phi 1500$ 钻孔灌注桩，钢管结构柱插入桩基内 4.0m，钢管结构柱外径 800mm，钢管材质 Q345B 钢，设计壁厚 30mm 和 24mm 两种，钢管结构柱内填充强度等级为 C60 或 C50 微膨胀混凝土。该工程对钢管立柱桩安装的平面位置、标高、垂直度、方位角的偏差控制要求极高，整体施工难度大。

目前，常用的施工方法有直接插入法、HPE（液压垂直插入机插钢管结构柱）工法、人工挖孔焊接法等。其中，直接插入法施工范围窄、施工精度差，HPE 法需特定机械设备进行下插作业，人工挖孔焊接法安全隐患大且对深度有限制。鉴于此，项目组经过反复认证，确定基坑立柱桩施工采用全套管全回转钻机＋旋挖机施工，综合项目实际条件及施工特点，开展"全套管全回转钢管结构柱定位环板后插定位施工技术"研究，采用定位环板调整钢管立柱的中心线和垂直度，通过钢立柱的自重和角板控制钢立柱标高和方位角，达到了定位精准、操作简单、成桩质量好的效果。

4.3.2　项目应用

1. 工程概况

广州市轨道交通 11 号线工程上涌公园站位于广州市珠海区广州大道与新滘路交叉口西北侧上涌公园内，大致呈东西走向，西接逸景站，东连大塘站，场地东侧与广州大道相隔杨湾涌，现状场平标高为 7.000m。该站点采用单一墙装配式结构，地下连续墙兼做永久结构侧墙，钢立柱为永久结构柱，混凝土支撑兼做永久结构横梁，负三层端头墙采用叠合墙结构。

2. 地层分布

项目勘察资料显示，本场地从上至下分布主要地层为：耕植土、淤泥、粉质黏土、全风化泥质粉砂岩、中风化泥质粉砂岩、微风化泥质粉砂岩等，微风化泥质粉砂层为基础灌注桩持力层。根据钻孔揭示，基坑开挖深度范围主要不良地层为约 4m 厚的流塑状淤泥和约 2m 厚的粉砂层。

3. 设计要求

车站为地下三层岛式站台车站，全长为 221.7m，标准段宽 22.3m，基坑开挖深度 24.48～25.27m。车站主体结构中柱采用钢管结构柱形式，钢管结构柱外径 800mm，钢管材质 Q345B 钢，设计壁厚 30mm 和 24mm 两种。其中，30mm 柱共 10 根、24mm 柱共 14 根，共计 24 根。钢管结构柱基础为 ϕ1500 钻孔灌注桩，钢管结构柱插入桩顶之下 4.0m，钢管结构柱内填充强度等级为 C60 或 C50 微膨胀混凝土。钢管立柱桩平面布置见图 4.3-1，立柱桩身剖面见图 4.3-2。

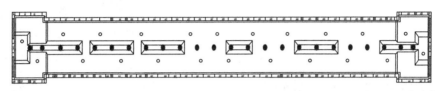

图 4.3-1 钢管立柱桩平面布置图

4. 定位精度要求

钢管结构柱与柱下基础桩施工允许误差满足以下要求：

（1）立柱中心线与基础中心线偏差：不大于 5mm。

（2）立柱顶面标高和设计标高偏差：不大于 10mm。

（3）立柱顶面平整度：不大于 3mm。

（4）立柱垂直度偏差：不大于长度的 1/1000，最大不大于 15mm。

5. 施工情况

本项目前期对钢管混凝土桩施工工艺做了充分的市场调研和技术论证，最终选择采用旋挖和全套管全回转钻进工艺施工。本项目钢管混凝土灌注桩施工采取的工艺技术措施主要包括：

（1）全回转钻机埋设 15m 长护筒，全回转钻机能高精度地埋设护筒，护筒作为钢管结构柱平面位置定位、垂直度控制的基准。

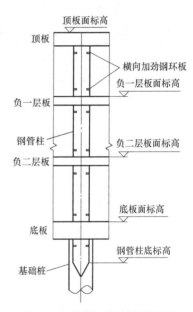

图 4.3-2 钢管立柱桩身剖面图

（2）采用全站仪、超声波测壁仪检验护筒埋设平面定位、垂直度。

（3）采用旋挖机进行钻进成孔，旋挖机钻进成孔进度快，垂直度控制精确，确保工期及施工质量。

（4）采用超声波测壁仪检验成孔垂直度是否符合要求，并完成第一次清孔。

（5）制安钢筋笼、反循环二次清孔，灌注桩底混凝土灌注桩，并采用混凝土超灌仪控制混凝土灌注量，减少钢管结构柱插入时钢管结构柱浮力。

（6）设置工具柱、定位环板、调角等措施构件，以定位环板与护筒控制钢管结构柱垂直度，以调角耳板控制钢柱角度、高程。

（7）使用履带起重机、单夹振动锤插入钢管结构柱并精准定位。

（8）待桩底混凝土强度达到 25％（约 24h）后，浇筑钢管内混凝土。

（9）钢管结构柱完成灌注、钢管底混凝土强度达 50％后进行空桩回填。

本工程于 2019 年 4 月 11 日开始施工，于 2019 年 6 月 15 日完成施工，比合同工期提前 15d 完工。现场全回转钻机就位见图 4.3-3，钢管柱起吊见图 4.3-4。

图 4.3-3 全回转钻机就位

图 4.3-4 钢管柱起吊

6. 钢管结构柱检验情况

采用超声波和抽芯对钢管混凝土灌注桩进行现场检测，桩身完整性、孔底沉渣、混凝土强度等全部满足设计要求；基坑开挖后，通过现场测量检验钢管结构柱垂直度、平面中心位置，钢管结构柱垂直度、中心点定位均满足设计要求。基坑开挖后钢管混凝土灌注桩见图 4.3-5。

图 4.3-5 基坑开挖后钢管混凝土灌注桩

4.3.3　工艺特点

1. 施工工效高

钢管结构柱与工具柱在工厂内预制加工并提前运至施工现场，由具有钢结构资质的专业队伍进行对接，大大提升了现场作业效率；采用全套管全回转钻机安放深长护筒，速度快，孔壁稳定性高；同时，采用旋挖钻机配合全回转钻机取土钻进，成孔效率高。

2. 定位效果好

本工艺采用全套管全回转钻机安放深长护筒，全回转钻机的液压系统准确将护筒沉入，确保护筒垂直度；利用钢管结构柱的定位环板与护筒间的间隙，有效约束钢管结构柱的垂直度偏差，并利用钢管结构柱加设的定位调角构件控制钢管结构柱的角度和标高，最大程度保证钢管柱的垂直度和中心点位置。

3. 降低施工成本

采用本工艺进行施工，各设备施工工艺成熟，可操作性和可靠性强，施工工期短，总体施工综合成本低。

4.3.4　适用范围

适用于对钢管结构柱垂直度、高程和角度等精度要求高的永久钢管混凝土灌注桩，定位精度 $1/500 \sim 1/1000$。

4.3.5　工艺原理

钢管混凝土柱施工分为基础桩和钢管结构柱定位两部分，本工艺主要利用桩基础护筒的高精度定位及钢管结构柱设置的定位环板进行钢管结构柱的垂直度约束，以及对平面、标高位置的有效调节，使钢管结构柱施工精确定位，安插精度满足设计要求。

1. 中心线定位原理

中心线即中心点，其定位贯穿钢管结构柱施工的全过程，包括钻孔前桩中心放样、孔口护筒中心定位、全回转钻机中心点和钢管结构柱下插就位后的中心点定位。

（1）桩中心点定位

桩位中心点定位的精准度是控制各个技术指标的前提条件，桩基测量定位由专业工程师负责，利用全站仪进行测量，桩位中心点处用红漆做出三角标志并做好保护。

（2）旋挖机钻孔中心线定位

旋挖机根据桩定位中心点标识进行定位施工，根据"十字交叉法"原理，钻孔前从中心位置引出 4 个等距离的定点位，并用钢筋支架做好标记；旋挖钻头就位后，用卷尺量旋挖机钻头外侧 4 个方向点位的距离，保证钻头就位的准确性；确认无误后，旋挖机下钻先行引孔，以便后续下入孔口护筒。旋挖机钻孔中心点定位见图 4.3-6。

（3）孔口护筒安放定位

孔口护筒定位采用旋挖机钻孔至一定深度后，使用全回转钻机就位下护筒，同样根据"十字交叉法"原理，利用旋挖机钻头定位时留下的桩外侧至桩中心点 4 个等距离点位和全回转配套的支撑定位平台先行定位，再用全回转钻机 4 个油缸支腿的位置和尺寸，通过平台上 4 个相应位置和尺寸的限位圆弧，当全回转钻机在定位平台上就位后，两者即可满

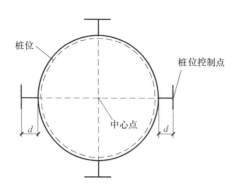

图 4.3-6　旋挖机钻孔中心点定位

足同心状态。全回转钻机就位后，微调油缸支腿进行调平就位，即可保证全回转钻机中心线精度。随后吊放护筒，利用全回转钻机下放深长护筒。

全回转钻机定位平台及平台上限位圆弧见图 4.3-7。

图 4.3-7　全回转钻机定位平台及平台上限位圆弧

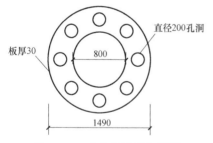

图 4.3-8　定位钢环板大样图

（4）定位环板

钢管结构柱后插施工前，通过在钢管结构柱上加焊两个定位钢环板（图 4.3-8），利用钢管结构柱的定位环板与护筒间的间隙，通过"两点一线"有效约束钢管结构柱的垂直度偏差，使钢管结构柱中心点与设计桩位偏差在设计要求范围内。定位控制原理见图 4.3-9。

2. 水平线定位原理

水平线是指钢管结构柱定位后的设计标高，由于钢管结构柱直径大，在其下插过程受到灌注桩顶混凝土的阻力和孔内泥浆的上浮力，其稳定控制必须满足下插力与上浮阻力的平衡。

钢管结构柱定位后的水平线位置通过测设工具柱顶标高确定，钢管结构柱下插到位后，现场对其标高进行测控。在工具柱顶部平面选取 A、B、C、D 四个对称点分别架设棱镜，通过施工现场高程控制网的两个校核点，采用全站仪对其进行标高测设并相互校核，水平线标高误差控制在±5mm 以内。工具柱定位标高测控工艺原理见图 4.3-10。

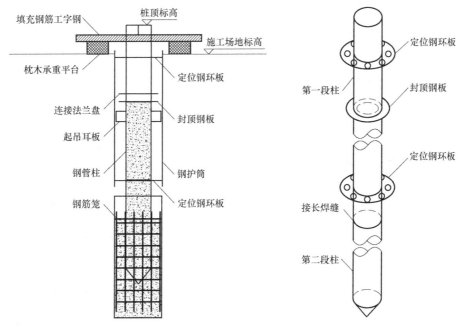

图 4.3-9 定位控制原理图

3. 方位角定位原理

（1）钢管结构柱方位角定位

基坑逆作法施工中，先行施工的地下连续墙以及中间支承钢管结构柱，与自上而下逐层浇筑的地下室梁板结构通过一定的连接构成一个整体，共同承担结构自重和各种施工荷载。在钢管结构柱安装时，需要预先对钢管结构柱腹板方向进行定位，即方位角或设计轴线位置定位，使基坑开挖后地下室底板钢梁可以精准对接。

（2）方位角定位线设置

钢管结构柱和工具柱对接完成后，在工具柱上端设置方位角定位线，使其对准钢管结构柱腹板。通过调节钢管上预设的调角耳板和起吊耳板转动钢管结构柱，在

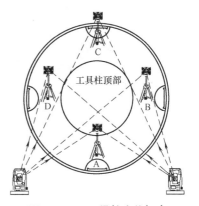

图 4.3-10 工具柱定位标高
测控工艺原理示意图

下放钢管结构柱过程中进行多次调节，调整中对调角耳板或起吊耳板立面轴线进行测量放线，最终使得其牛腿方向、角度与设计完全吻合，调整完成后固定钢管结构柱。方位角定位原理见图 4.3-11～图 4.3-14。

4.3.6 施工工艺流程

高精度钢管结构柱混凝土灌注桩施工工序流程见图 4.3-15。

4.3.7 工序操作要点

1. 桩位放线定位

（1）旋挖钻机、全回转钻机设备等均为大型机械设备，对场地要求高，钻机进场前首

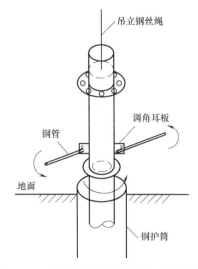

图 4.3-11　粗调钢管柱牛腿方向立面示意图

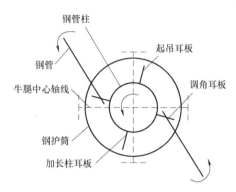

图 4.3-12　粗调钢管柱牛腿方向平面示意图

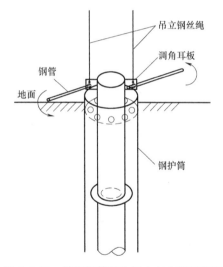

图 4.3-13　精调钢管柱牛腿方向立面示意图

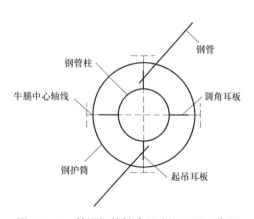

图 4.3-14　精调钢管柱牛腿方向平面示意图

先对场地进行平整，硬地化处理。

（2）采用全站仪定位桩中心点，确保桩位准确。

（3）以"十字交叉法"引到四周用钢筋做好标记，桩位中心做好标记，具体见图 4.3-16。

2. 旋挖钻机护筒引孔

（1）由于灌注桩钻进孔口安放深长护筒，为便于顺利下入护筒，先采用旋挖机引孔钻进。

（2）旋挖钻开孔遇混凝土块，采用带有牙轮的钻头钻穿硬块；开孔时，根据引出的孔位"十字交叉线"，准确量测旋挖机钻头外侧 4 个方向点位的距离，保证钻头就位的准确性。旋挖钻机定位开孔见图 4.3-17。

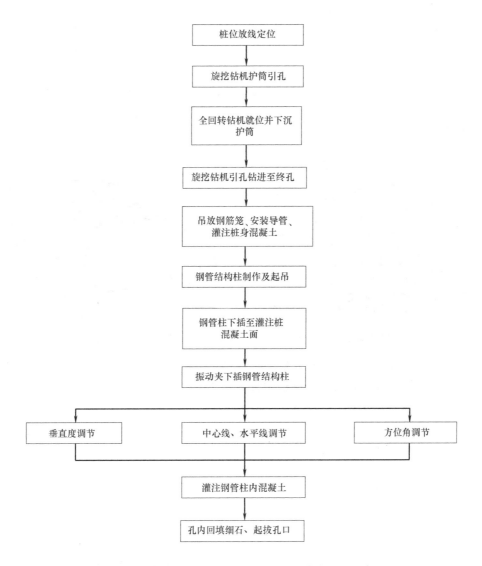

图 4.3-15 高精度钢管结构柱混凝土灌注桩施工工序流程图

图 4.3-16 桩位放线定位

图 4.3-17 旋挖钻机定位开孔

3. 全回转钻机就位并下沉护筒

（1）旋挖钻机引孔至 2～3m 后，吊放全回转钻机定位平台；吊装时，将其中心交叉线与钻孔中心"十字交叉线"双层双中心重合进行安放，具体见图 4.3-18。

（2）全回转钻机选用 DTR2005H，其最大钻孔直径可达 2000mm，完全满足本项目桩孔要求。全回转钻机定位板固定后，吊放全回转钻机，将全回转钻机 4 个油缸支腿的位置和尺寸对准定位平台上设置 4 个相应位置和尺寸的限位圆弧，确保全回钻钻机准确就位，具体见图 4.3-19。

图 4.3-18　全回转钻机定位板双中心定位　　　图 4.3-19　全回转钻机吊装就位

（3）全回钻钻机就位后，吊放护筒至孔口平台螺栓连接，并利用全回转液压下插钢护筒至全回转钻机操作平台位置；护筒采用直径（外径）1.59m、厚度 45mm、长 15m 的钢护筒，护筒分节吊装、下压，具体见图 4.3-20。

（4）护筒由全回转钻机下压就位后，为加快取土进度，采用旋挖钻机护筒内取土，具体见图 4.3-21。

图 4.3-20　全回转钻机安放护筒　　　　　图 4.3-21　旋挖钻机护筒内取土

4. 旋挖钻机引孔钻进至终孔

（1）长护筒安放完成后，吊移全回转钻机，旋挖钻机就位；钻机按指定位置就位后，调整桅杆及钻杆的角度；对孔位时，采用"十字交叉法"对中孔位。旋挖钻机就位见图4.3-22。

（2）旋挖钻机采用钻杆有导向架的SANY365R，使用ϕ1480mm钻头进行旋挖成孔；为确保成孔垂直度，成孔分4步进行，第一步使用直径1000mm捞砂斗取芯钻至桩底，第二步使用直径1480mm、高2500mm直筒筒钻修孔、钻进，第三步使用直径1480m、高1800mm直筒捞砂斗捞渣、跟进至桩底，第四步使用超声波测壁仪检验成孔垂直度。钻进过程中，经常检查钻杆垂度及桩位偏差，每钻进2m测量一次钻杆四面与护筒边的距离是否一致。若偏差大于5mm，则及时调整纠偏。现场钻进过程中的垂直度检测见图4.3-23，超声波孔壁检测结果见图4.3-24。

图4.3-22 旋挖钻机就位

图4.3-23 旋挖钻机钻进垂直度检测

图4.3-24 超声波孔壁检测结果

5. 吊放钢筋笼、安装导管、灌注桩身混凝土

（1）一次清孔完毕终孔验收后，及时吊放钢筋笼，安放灌注导管。

（2）钢筋笼按照设计图纸在现场加工厂内制作，主筋采用套筒连接，箍筋与主筋间采用人工点焊，本项目钢筋笼长14m，一次性制作完成，钢筋笼制作完成后进行验收；钢筋笼采用吊车吊放，吊装钢筋笼时对准孔位，吊直扶稳，缓慢下放。

（3）本项目桩径较大，采用直径300mm灌注导管；下导管前，对每一节导管详细检查，第一次使用时做密封水压试验。

（4）本项目采用混凝土运输车运输C35水下混凝土至孔口，在灌注前、清孔结束后，安装容量2m³的初灌料斗，盖好密封挡板，混凝土装满初罐料斗后提拉料斗下盖板，料

图 4.3-25 桩身混凝土初灌

斗内混凝土灌入孔内，同步混凝土罐车及时向料斗内补充混凝土，保证混凝土初灌埋管深度在 0.8m 以上。桩身混凝土初灌见图 4.3-25。

（5）混凝土灌注过程中，定期用测绳检测混凝土上升高度，适时提升拆卸导管，导管埋深控制在 2～6m，严禁将导管底端提出混凝土面；混凝土灌注连续进行，以免发生堵管，造成灌注事故；设专人测量导管埋深及管外混凝土面标高，随时掌握每根桩混凝土的浇筑量。

（6）考虑桩顶有一定的浮浆，采用"灌无忧"设备控制混凝土灌注至桩顶以上 1.0m 位置（插入钢管后，混凝土上浮至桩顶以上 1.0m，考虑钢管柱栓钉裹带浓泥浆影响钢管柱与桩基础结合强度，浮浆按 1.0m 考虑），以保证桩顶混凝土强度，同时又要避免超灌太多而造成浪费和增加大钢管结构柱安装浮力。灌无忧测量混凝土超灌设备见图 4.3-26。

图 4.3-26 灌无忧测超灌量

（7）采用初凝时间为 8～10h 的混凝土进行灌注，避免钢管结构柱安装过程中混凝土出现初凝而无法进行安装，确保钢管结构柱的安装、定位、固定在混凝土初凝前完成。

6. 钢管结构柱制作及起吊

（1）钢管结构柱和工具柱均由具有钢结构制作资质的专业队伍承担制作。

（2）钢管结构柱起吊采用多点起吊法，采用 1 台 130t 履带起重机作为主吊，1 台 75t 履带起重机作为副吊，一次性整体抬吊，再利用主吊抬起至垂直。

钢管结构柱、定位环板加工安装见图 4.3-27，钢管结构柱整体起吊见图 4.3-28。

7. 钢管结构柱下插至灌注桩混凝土面

（1）在混凝土灌注完成后，立刻进行钢管结构柱的下插，尽可能缩短停待时间。

（2）采用吊车起吊安放钢管结构柱，利用钢管结构柱的自重进行下插，下插过程中对

图 4.3-27 钢管结构柱、定位环板加工安装

图 4.3-28 钢管结构柱整体起吊

准孔位缓慢下放,吊装入孔见图 4.3-29。

(3)钢管结构柱下放至定位环板时,注意调节下放位置,保证定位环板顺利下放;下放至混凝土面后,由于混凝土阻力、钢管柱的浮力增加,钢管结构柱的下放逐步放缓,直至钢管结构柱基本稳定不下沉。钢管结构柱定位环板起吊入孔见图 4.3-30。

8. 振动夹下插钢管结构柱

(1)钢管结构柱下插至稳定不下沉状态后,采用单夹持振动夹辅助下沉。

(2)振动夹夹住钢管结构柱,利用振动夹的液压压力继续施压钢管结构柱下沉,把钢管结构柱逐步下压至调角耳板距离护筒顶 50cm 附近后停止施压,进行方位角、标高等调节。钢管结构柱振动夹下插至灌注桩混凝土面见图 4.3-31。

图 4.3-29 钢管结构柱起吊入孔

图 4.3-30 钢管结构柱定位环板起吊入孔

图 4.3-31 钢管结构柱振动夹下插至灌注桩混凝土面

9. 钢管结构柱下插调节

（1）钢管结构柱的上部及下部已安装定位钢环板，钢管结构柱的中心点定位采用这两个定位钢环板来定位，确保钢管结构柱与护筒的中心点定位、垂直度保持一致。

（2）钢管结构柱牛腿方向控制具体操作需按两步进行：

图 4.3-32 钢管结构柱下插调节

第一步，将钢管结构柱吊立至孔口，基本对中后，开始缓慢下放，当调角耳板底部离护筒顶 50cm 时，停止下放，使用两根钢管分别穿入耳板调角孔洞，人力（辅助挖机）撬动钢管转动钢管结构柱，对耳板立面轴线进行测量放线，使其牛腿方向、角度与设计基本吻合后，继续下放钢管结构柱。

第二步，粗调角度后，继续缓慢下放，当起吊耳板底部距护筒顶 50cm 时，停止下放，使用两根钢管分别穿入起吊耳板调角孔洞，撬动钢管转动钢管结构柱，对起吊耳板立面轴线进行测量放线，使其牛腿方向、角度与设计完全吻合后，下放钢管结构柱，并穿杠固定钢管结构柱。以此来控制钢管结构柱的牛腿角度。

钢管结构柱下插调节见图 4.3-32。

（3）钢管结构柱标高定位

由于钢管结构柱定长，且预埋件已在钢构厂完成安装，满足设计要求。因钢管结构柱上的工具柱顶高出地面，可直接测量柱顶标高，以此计算出各预埋件位置是否处于设计标高，若有偏差，则调整枕木标高，误差不大于 5mm。钢管结构柱标高定位见图 4.3-33，钢管结构柱标高复测见图 4.3-34。

图 4.3-33　钢管结构柱标高定位

图 4.3-34　钢管柱标高复测

10. 钢管结构柱内灌注混凝土

（1）为防止浇筑钢管结构柱内混凝土时触碰到钢管结构柱，造成钢管结构柱偏位，以及浇筑混凝土造成钢管结构柱下沉，影响钢管最终定位的准确性，钢管结构柱完成安装后，待立柱桩混凝土终凝达到 25％（约 24h）后，再对钢管结构柱内的混凝土进行浇筑。同时，安装完成后，对桩孔周边 5m 范围内进行防护，防止各大型设备作业、行走时产生的振动影响钢管结构柱精度。

（2）钢管结构柱内混凝土浇筑采用 ϕ180mm 导管，直径 50cm 小料斗进行浇筑。混凝土一次性浇筑至设计标高位置，具体见图 4.3-35。

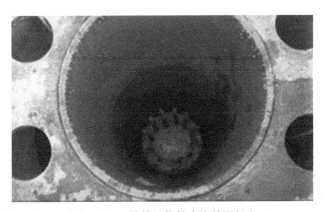

图 4.3-35　钢管结构柱内浇筑混凝土

11. 孔内回填、起拔孔口钢护筒

（1）空桩回填在钢管结构柱完成灌注、钢管底混凝土强度达 50％后进行，采用挖机、铲车回填中砂进行第一次回填，注水确保密实，并避免回填时触碰到钢管结构柱。

（2）第一次回填完成后，使用全回转钻机拔出护筒；护筒拔设完成后，再进行第二次回填。

（3）桩孔周边设置 5m 范围的大型设备禁行区，避免大型设备碰撞立柱桩造成影响。

4.3.8　材料与设备

1. 材料

本工艺所使用的材料主要有钢筋、钢管、连接螺栓、混凝土、护壁泥浆、钢护筒、卸扣、钢丝绳、清水等。

2. 设备

本工艺所涉及设备主要有全回转钻机、旋挖钻机、履带起重机、单夹振动锤、全站仪等，具体见表 4.3-1。

主要机械设备配置表

表 4.3-1

名称	型号、规格	数量	额定功率（kW）	备注
旋挖钻机	Sany365R	1	柴油驱动	成孔
履带起重机	Sany130t	1	柴油驱动	立柱钢管和钢筋笼安放
全回转钻机	DTR2005H	1	30	护筒回转安放
履带起重机	75t	1	柴油驱动	吊运
泥浆泵	BW-150	4	7.5	泥浆抽排、循环
空气压缩机	VF9-12m³	1	22	气举反循环清孔
电焊机	BX1-330	2	18	焊接、加工
混凝土灌注导管	φ288mm	2	—	立柱桩混凝土灌注
混凝土灌注导管	φ180mm	2	—	钢管结构柱混凝土浇筑
单夹振动锤	Cat2045Ⅱ	1	柴油驱动	钢管安装

4.3.9　质量控制

1. 钢管结构柱中心线

（1）现场测量定位出桩位中心点后，采用"十字交叉法"引出桩中心位置点，并做好保护，以利于恢复桩位使用。

（2）旋挖钻机埋设孔口护筒引孔时，钻进前钻头对准桩位、测量钻头各个方向与引孔中点的距离是否相等，出现偏差及时调整。

（3）全回转钻机定位平台放置前，保证场地平整压实。

（4）定位环板制作和安装经反复复核方可使用。

2. 钢管结构柱水平线

（1）钢管结构柱下放到位后，在工具柱顶选 4 个点对标高进行复测，误差需均在 5mm 范围以内。

（2）混凝土初凝时间控制在 24h 缓凝设计，以避免钢管结构柱下插到位前桩身混凝土初凝，使钢管结构柱无法下插至桩身混凝土内。

（3）钢管结构柱下放过程中，如浮力过大，可向钢管结构柱内持续注水增加钢管结构柱自重，从而克服混凝土产生的巨大上浮力，保证钢管结构柱下放到位。

3. 钢管结构柱方位角

（1）工具柱顶方位角定位线与腹板位置对齐，工具柱侧的定位线标记清晰、准确。

（2）夜间采用激光仪放线，确定桩位中心点、方位角定位点、已知测设点、校核点等4点位于同一直线上，确保钢管结构柱下放方向正确。

4.3.10　安全措施

1. 全回转钻机、旋挖机作业

（1）旋挖机、全回转钻机由持证专业人员操作。

（2）旋挖机、全回转钻机施工时，严禁无关人员在履带起重机施工半径内。

（3）套管接长和钢筋笼吊装操作时，指派专人现场指挥。

（4）全回转钻机上设置安全护栏，确保平台上作业人员的安全。

（5）每天班前对设备的钢丝绳进行检查，对不合格钢丝绳及时更换。

2. 吊装作业

（1）严格按照"十不吊"原则进行吊装作业。

（2）吊装作业前，将施工现场起吊范围内的无关人员清理出场，起重臂下及作业影响范围内严禁站人。

（3）钢管结构柱吊装时，由司索工指挥吊装作业，控制好吊放高度，严禁碰撞。

第5章 软土地基处理施工新技术

5.1 填石层潜孔锤与旋喷钻喷一体化成桩地基处理技术

5.1.1 引言

在深厚填石地层中进行高压旋喷地基处理加固，通常采用潜孔锤对填石层预先引孔，并下入 PVC 护壁套管，然后再进行下部地层的钻进和高压喷射注浆。因整体施工增加引孔和下入护筒工序，导致施工效率低；同时，场地填石间的缝隙空间大，旋喷时浆液极易从填石通道流失，难以控制注浆范围，成桩质量差。另外，在填石层采用潜孔锤引孔钻进时，高风压携带钻渣从孔口喷出产生大量的粉尘，采用人工孔口洒水降尘效果差，造成现场施工条件恶劣。传统旋喷桩地基处理工艺潜孔锤引孔粉尘污染及引孔后下入套管护壁见图 5.1-1、图 5.1-2。

图 5.1-1 潜孔锤引孔粉尘污染   图 5.1-2 引孔后下入套管护壁

二郎基地技改项目老厂区高压旋喷桩复合地基处理工程项目处于桩板墙支护后形成的台地上，其回填深厚的块石层，设计采用旋喷桩加固。针对本项目旋喷桩设计和场地地层条件，项目组结合潜孔锤冲击引孔和高压旋喷技术特点进行研究，将潜孔锤冲击引孔工艺与高压旋喷工艺有机结合，将潜孔锤引孔与旋喷施工的机具和工序集成，通过钻杆将潜孔锤钻头、旋喷嘴和特制的通气管等一体化有序集成，钻进引孔时高压空气驱动潜孔锤破石成孔至桩底设计标高；同时，喷嘴喷射水泥浆和高压气，预先填充地层空隙，有效避免潜孔锤钻进引起的粉尘污染；提钻旋喷时，高压水泥浆与高压气体对地层进行切割并与其充分混合，形成强度较高的水泥土石混合桩。

5.1.2 项目应用

1. 工程概况

二郎基地技改项目（郎泉区）老厂区高压旋喷桩复合地基处理项目位于四川省泸州市

古蔺县二郎镇，项目总用地面积约 83000m²，总建筑面积约 79000m²。酿造车间区域共包含 12 栋车间，车间层数为 1 层，车间高度为 15.3m。该项目场地处于赤水河岸，整体呈南高北低的斜坡地形，其地层主要由杂填土（层厚 0.60～6.10m）、含碎石粉质黏土（层厚 0.5～16m）、灰岩（1.96～24.78m）组成。根据项目总体规划设计，支护设计采用锚拉式桩板墙支护形成多阶台地，支护桩直径 3200mm。施工场地情况见图 5.1-3～图 5.1-5。

图 5.1-3 桩板墙施工现场

图 5.1-4 桩板墙后回填灰岩填石现场

图 5.1-5 桩板墙支护回填形成的台阶状场地

2. 复合地基处理设计

各酿造车间原地基位置主要由杂填土和含碎石粉质黏土组成，其承载力不满足设计要求。因此，桩板墙施工完成后，在墙后侧回填至基础面设计标高，回填场地采用高压旋喷桩复合地基进行处理。现场回填料综合利用场地内开挖的山体，主要由杂填土、块石混合而成。

复合地基设计高压旋喷桩设计桩径 750mm，最大桩长 19m，持力层为含碎石粉质黏土，桩端进入持力层深度不小于 2m，设计复合地基承载力特征值 150kPa。旋喷桩设计正方形布桩，桩间距 1.5m，总桩数 15834 根，总桩长 22100m。

场地地层分布和旋喷桩加固剖面示意见图 5.1-6。

3. 试桩

为确保本工艺处理效果，在正式施工前进行了试桩。试桩养护达到龄期后，进行了单桩、复合地基压板静载试验。现场试验结果表明，旋喷桩单桩竖向抗压承载力特征值为 302kN，复合地基承载力特征值为 162kPa，试桩结果完全满足设计要求。

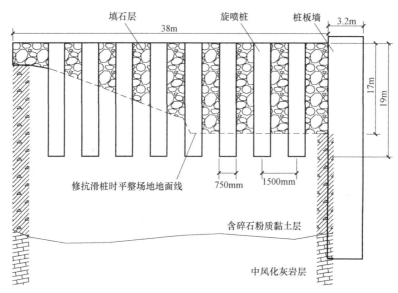

图 5.1-6　场地地层分布和旋喷桩加固剖面示意图

现场试桩开挖检验见图 5.1-7，静载试验见图 5.1-8，现场旋喷桩实物见图 5.1-9。

图 5.1-7　试桩开挖检验

图 5.1-8　现场复合地基压板静载试验

图 5.1-9 地基处理现场旋喷桩实物图

5.1.3 工艺特点

1. 施工效率高

本工艺通过潜孔锤冲击引孔与高压旋喷注浆有机结合，实现了深厚填石层的引孔钻进与喷浆一体化成桩，一套设备完成整体施工工序操作，施工全程不用接管、拆管，一次性成桩，操作便捷，工序减少一半，工效提升一倍以上。

2. 成桩质量好

本工艺在钻进、提升过程中均采用高压喷射浆液，钻进引孔时同步高压喷浆，有效填充填石层中的空隙，避免了后续旋喷注浆时水泥浆流失；在提钻旋喷注浆时，通过二次高压将浆液与四周土体进行混合，通过切割、挤压、渗透进一步扩大成桩直径，从而形成桩径较大、均匀性较好的水泥土固结体，确保了旋喷成桩质量。

3. 节约工程造价

采用本工艺进行地基加固处理，水泥浆可充分填充到地基土中，水泥利用率高于常规旋喷工艺，返浆量得到有效控制，可显著降低水泥用量；同时，采用水泥浆液全自动配比、上料、搅拌、输送，减少水泥的浪费，总体节约造价。

4. 环保无污染

本工艺采用潜孔锤钻进引孔时，旋喷喷嘴同步喷射出的水泥浆可将粉尘迅速湿润化、降尘，有效控制了潜孔锤引孔过程中的粉尘污染，实现钻进过程绿色、环保、无污染；同时，全自动制浆机采用一体化设计，制浆过程无粉尘污染；另外，本工艺在施工过程中，有效减小废弃水泥浆的排放，避免了对周边环境的二次污染影响。

5.1.4 适用范围

适用于深厚杂填土、填石层、碎石土、风化岩等地层的旋喷桩地基处理；适用于旋喷桩桩径不大于 750mm 地基处理；适用于处理深度不大于 20m 的旋喷地基处理。

5.1.5 工艺原理

1. 潜孔锤引孔、旋喷一体化原理

（1）钻机一体化

**图 5.1-10　潜孔锤引孔和
高压旋喷一体化施工设备**

本工艺对传统旋喷钻机进行改进，在潜孔锤钻进引孔的基础上加入二重管高压旋喷功能，利用线路集成设计和钻杆集成设计，通过专门设计的气浆输送接头，将旋喷喷嘴、潜孔锤与高压注浆系统、空压机进行有机连接，实现潜孔锤引孔钻进和高压旋喷一体化施工。机架与钻机平台一体机改造，钻杆一次性安装就位，机架高度 26m，满足本项目的钻深要求，并实现移动安全、可靠。

潜孔锤引孔和高压旋喷一体化施工设备见图 5.1-10。

（2）钻杆一体化

钻杆一体化集成设计包括钻杆杆身、旋喷喷嘴、潜孔锤冲击器以及潜孔锤钻头。其中，钻杆长度满足设计最大钻深要求，钻杆下部设置旋喷喷嘴，喷嘴下端连接潜孔锤冲击器以及潜孔锤钻头。通过钻杆一体化设计，将潜孔锤与旋喷喷嘴集于一杆，可一次性成孔成桩，工序减少一半，功效提高一倍以上。

钻杆一体化设计见图 5.1-11。

图 5.1-11　钻杆一体化设计

（3）管路一体化（钻杆内部）

采用管路一体化集成设计，将浆气输送管路集成于钻杆内部，实现气浆的同步输送，即在钻杆内设潜孔锤气管、旋喷气管和旋喷浆管三条独立管道，并通过阀门进行转换、控制。管路集成系统中，潜孔锤气管（$\phi30$mm）通向潜孔锤，提供钻进用的动力压缩空气；旋喷气管（$\phi15$mm）和旋喷浆管（$\phi15$mm）通向喷嘴，提供高压旋喷用的高压浆气。

管路集成一体化设计分布见图 5.1-12。

（4）线路一体化（钻杆外部）

外部输送线路采用线路集成设计，将旋喷空压机和高压注浆泵与气浆输送接头连接，实现气、浆、电线路的集成式传输，利用扎绳将气浆输送管道和钻机动力头电线固定，外部传输线路集成见图 5.1-13。通过特制的气浆输送接头，将钻杆内部管路与钻杆外部线路连接，实现有序的浆气输送，具体见图 5.1-14、图 5.1-15。

图 5.1-12 管路集成一体化设计分布

图 5.1-13 气、浆、电线路集成式传输

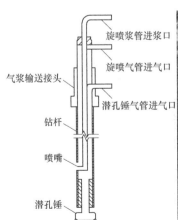

图 5.1-14 气浆输送接头

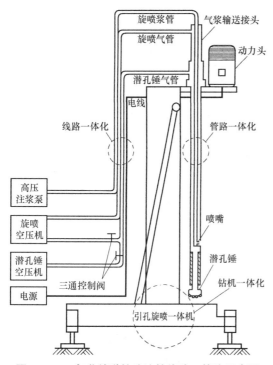

图 5.1-15　气浆输送接头连接线路、管路示意图

一体机潜孔锤引孔钻进原理见图 5.1-16。

2. 潜孔锤冲击引孔原理

（1）潜孔锤破岩原理

潜孔锤是以压缩空气作为动力，压缩空气由潜孔锤空压机提供，经钻杆进入潜孔锤冲击器，推动潜孔锤工作，利用潜孔锤对钻头的往复冲击作用达到破岩的目的。由于冲击频率高，低冲程，破碎填石引孔效果好。

（2）一体机潜孔锤引孔原理

潜孔锤空压机通过一体机线路与钻杆所组成的潜孔锤气管，将压缩空气传递至潜孔锤引孔钻进至桩底设计标高；引孔钻进的同时，预先对填石层进行引孔喷浆，使填石层空隙得到填充，减少后续高压旋喷浆体的扩散流失，保证后续注浆成桩质量；另外，通过喷射水泥浆液捕获潜孔锤沿钻孔通道向上喷出的粉尘，将粉尘阻隔在孔内，起到降尘作用，防止粉尘污染。

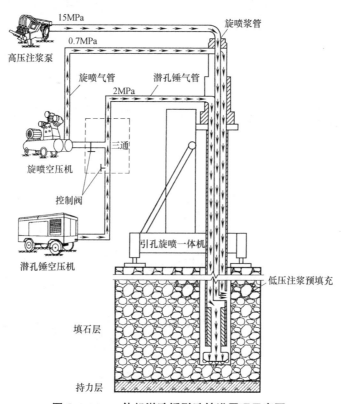

图 5.1-16　一体机潜孔锤引孔钻进原理示意图

3. 高压旋喷成桩原理

（1）旋喷加固地基原理

本工艺项目设计采用二重管高压旋喷注浆，其原理是使用双通道的注浆管，通过设置在钻杆底部侧面的一个同轴双重喷嘴，同时喷射出高压浆液和空气两种介质的喷射流冲击破坏土体。在高压浆液和其外环气流的共同作用下，破坏土体的能量显著增大，最后在土中形成较大的固结体。

（2）一体机旋喷加固原理

本工艺所采用的一体机在填石层钻进预喷浆填充的基础上，采用加大注浆压力进行二重管高压旋喷注浆，喷嘴按一定的速度边旋转、边提升、边喷浆，直至桩顶设计标高。对于粉质黏土持力层段，喷嘴喷射的高压浆气对土体进行二次切割和搅拌，使土体颗粒与水泥浆充分混合；对于填石层段，水泥浆液沿着填石空隙向四周挤压，进一步填充钻杆周围的填石空隙，最终形成直径较大、混合均匀、强度较高的桩体。本工艺在一体机钻杆外部线路上设置一个三通转换，在提升旋喷时调节三通，使潜孔锤管路由旋喷空压机供气，以抵消水泥浆液回流入潜孔锤的返浆压力。

一体机提钻旋喷成桩原理见图5.1-17。

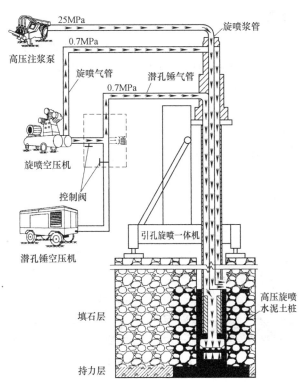

图5.1-17　一体机提钻旋喷成桩原理示意图

5.1.6　施工工序流程

深厚填石层潜孔锤冲击引孔与高压旋喷成桩一体化地基处理工序流程见图5.1-18。

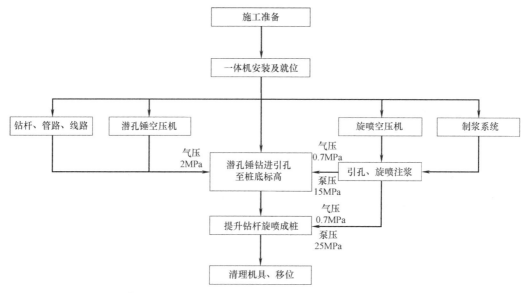

图 5.1-18　填石层潜孔锤冲击引孔与高压旋喷一体化成桩地基处理工序流程图

5.1.7　工序操作要点

本工艺以二郎基地技改项目 6 号酿造车间复合地基处理为例，其旋喷桩设计直径 750mm，设计桩长 19m，桩端入持力层深度 2m，设计要求单桩竖向抗压承载力特征值不小于 300kN，复合地基承载力不小于 160kPa。

1. 施工准备

（1）旋喷桩施工前首先对场地进行平整，合理布置施工现场，清理场地内影响施工的障碍物，保证机器有足够的操作空间，场地平整见图 5.1-19。

图 5.1-19　场地平整

（2）施工前用全站仪测定旋喷桩施工的控制点，并做好标记，保证桩孔中心偏差小于 50mm。桩位放样见图 5.1-20。

（3）先期进行 8 根试桩试验，以确定适合本场地条件满足设计强度要求的水泥掺量、水泥浆的配合比以及水泥浆相对密度、高压水泥浆泵浆压力值及气流压力、钻杆提升速度、旋转速度等工艺参数。在试桩完成并养护 28d 后，进行旋喷复合地基开挖，实施外观检验，并分别对单桩、复合地基采用压板静载试验。

2. 一体机安装及就位

（1）引孔旋喷一体机采用液压步履式行走设计，可自行行走、回转，配置有前后竖向均衡调节的液压支撑结构，对位准确、稳定性高；机架总高度 26m，钻进最大深度可达 22m；本次施工钻杆配置 24m，可满足设计要求。一体机液压步履行走和液压支撑结构见图 5.1-21。

图 5.1-20　桩位放样　　　　　图 5.1-21　一体机液压步履行走和液压支撑结构

（2）线路、管路安装时，首先将气浆输送接头安装在一体机动力头平台处；然后，用扎绳将潜孔锤气管、旋喷气管、旋喷浆管以及动力头电线固定后，将其连接至气浆输送接头；最后，将钻杆连接至气浆输送接头底部，完成整个管路系统及设备的连接安装。线路及管路安装现场见图 5.1-22。

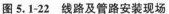

图 5.1-22　线路及管路安装现场

（3）潜孔锤空压机采用 S100D 螺杆式空压机，额定排气压力 2.5MPa；旋喷空压机采用 W-0.9/8T 皮带式空压机，额定排气压力 0.8MPa，见图 5.1-23、图 5.1-24。

（4）旋喷喷嘴由内喷嘴（$\phi2mm$，喷射水泥浆）和外喷嘴（$\phi5mm$，喷射高压气）组成，高压水泥浆和高压气通过浆管和喷嘴气管在喷嘴处汇合后同时喷射，可有效填充地层空隙、切割并均匀混合土体。旋喷喷嘴见图 5.1-25。

图 5. 1-23　潜孔锤空压机

图 5. 1-24　旋喷空压机

图 5. 1-25　旋喷喷嘴

（5）潜孔锤引孔钻进采用 DHD350 潜孔冲击器和 ZRQ115A1 高风压潜孔钻头，钻孔直径 ϕ120mm，钻头承载能力强、耐磨性好，适合钻凿坚硬、中硬岩石。潜孔冲击器、潜孔锤钻头及安装就位见图 5.1-26～图 5.1-28。

图 5. 1-26　潜孔冲击器

图 5. 1-27　潜孔锤钻头

图 5. 1-28　潜孔锤安装就位

（6）引孔旋喷一体机安装完成后，通过步履式行走方式行走至桩位处完成就位。

（7）高压注浆系统主要包括自动化制浆设备（80t 卧式水泥仓、CH-500 全自动制浆机、储浆池搅拌机）及高压注浆泵，见图 5.1-29。

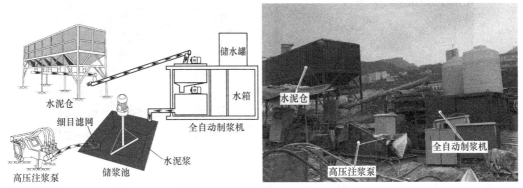

图 5.1-29 高压注浆系统示意图

3. 潜孔锤钻进引孔至桩底标高

（1）启动潜孔锤空压机以及钻杆动力头，将潜孔锤气管三通调成潜孔锤空压机供气模式，潜孔锤空压机提供的 2MPa 高压气开始驱动潜孔锤钻进引孔，直至钻杆达到桩底设计标高，见图 5.1-30。

图 5.1-30 一体机引孔现场

（2）钻进过程中，通过铅垂线实时监控钻杆垂直度，保证成孔垂直度偏差不大于 0.5%。吊铅垂线控制钻杆垂直度见图 5.1-31。

4. 引孔、旋喷注浆

（1）水泥浆采用 P•O 42.5 制备，水灰比为 1：1。水泥浆制备过程由 CH-500 制浆机全程自动控制。水泥浆制备时，向制浆机的上层搅拌桶中加入水泥和等量的水，两者经一次搅拌、过滤、二次搅拌工艺搅拌均匀，之后排入储浆池备用。在旋喷桩施工期间，储浆池搅拌机对水泥浆进行不间断搅拌，防止浆液沉淀，见图 5.1-32。

图 5.1-31 吊铅垂线控制钻杆垂直度

165

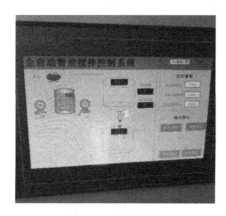

图 5.1-32　自动化制浆系统

（2）潜孔锤引孔过程中，启动高压注浆泵（图 5.1-33），将注浆压力调至 15MPa 左右，同步向地层进行喷浆，达到预充填石层空隙通道、预切割持力层土体、湿润潜孔锤钻进过程中形成的渣土和碎石颗粒的效果，具体见图 5.1-34。钻进过程中，旋喷空压机同步向喷嘴输送 0.7MPa 高压气，配合水泥浆进行二重管喷射。

图 5.1-33　高压注浆泵抽浆　　　　图 5.1-34　注浆泵压力调至 15MPa

5. 提升钻杆旋喷成桩

（1）钻进至设计标高后，将注浆泵压力提升至 25MPa 左右，控制钻杆旋转速度（15r/min）和提升速度（20cm/min），边旋转、边提升、边喷浆，直至达到桩顶设计加固高度后停止，具体见图 5.1-34、图 5.1-35。

（2）同步将潜孔锤气管三通调成旋喷空压机供气模式，防止泥浆回流至潜孔锤管路内。

（3）提升过程中，旋喷空压机同步向喷嘴输送 0.7MPa 高压气，配合水泥浆进行二重管喷射；随时检查并记录提升速度、喷浆压力与流量、水泥用量等。

6. 机具清理、移位

（1）单桩旋喷作业结束后，提出钻杆及喷头，将高压注浆泵抽取的水泥浆换成清水，进行低压射水，冲洗钻杆、喷嘴。

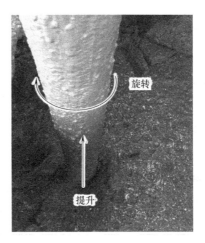

图 5.1-35 提钻旋喷现场

（2）清洗完成后，引孔旋喷一体机解除液压支撑顶力，利用步履移位至新孔位作业，见图 5.1-37。

图 5.1-36 注浆泵压力调至 25MPa

图 5.1-37 一体机步履移位

5.1.8 材料与设备

1. 材料

本工艺所使用的材料主要有胶带、胶管、钢管、钢板、焊条、螺母、螺栓、水泥等。

2. 设备

本工艺所涉及设备主要有引孔旋喷一体机、潜孔锤钻具、螺杆式空压机、皮带式空压机、全自动制浆机、高压注浆泵、水泥仓、螺旋水泥输送机等，具体见表 5.1-1。

主要机械设备配置表　　　　　　　　　　　　　　表 5.1-1

名称	型号	数量	备注
引孔旋喷一体机	步履式高架钻喷一体机	3 台	钻孔、旋喷

名称	型号	数量	备注
钻机动力头	45kW	3台	扭矩 36kN·m、转速 144r/min
潜孔锤钻具	冲击器 DHD350、钻头 ZRQ115A1	3套	冲击器和钻头
螺杆式空压机	S100D+	3台	提供潜孔锤钻进动力
皮带式空压机	W-0.9/8t	3台	提供旋喷高压气
水泥仓	80t	1台	存储水泥
螺旋水泥输送机	LSY200	1台	输送水泥
全自动制浆机	CH-500	1台	制作水泥浆
高压注浆泵	GZB-90	3台	输送高压水泥浆

5.1.9　质量控制

1. 引孔旋喷一体机设备安装

（1）对机械操作人员进行岗前培训，熟悉设备性能、操作要点，施工中设备由专人负责操作。

（2）施工前各机械进行试运转，待各机械性能稳定、管路连接牢固密封、各运行参数符合设计要求后方可施工。

（3）钻机塔架安放稳定，通过吊垂线控制钻机塔架的垂直度。

（4）高压注浆泵、空压机距离钻机不宜大于 50m，以免管路过长，造成压力损失。

2. 水泥浆制备及输送

（1）所用的原材料符合设计要求和施工规范的规定。

（2）全自动制浆机由经过培训的专人严格操作，确保水泥浆配合比符合设计要求。

（3）浆液输送管线密封和畅通，如出现泄漏或堵塞，则立即排除。

（4）在注浆过程中，防止水泥浆离析沉淀，搅拌时间超过 4h 的水泥浆液不再使用。

3. 潜孔锤钻进引孔及提升钻杆旋喷成桩

（1）根据施工图纸对高压旋喷桩放样进行复核，钻机就位与设计位置偏差小于50mm。

（2）通过立轴转盘控制钻进深度，同时利用铅垂线实时监控钻杆垂直度，保证成孔垂直度偏差不大于 0.5%。

（3）钻杆的旋转和提升连续进行，不得中断；钻机发生故障，则立即停止提升钻杆和旋喷，以防止断桩，并立即检修排除故障；重新正常喷射时，上下段桩的搭接长度不小于 100mm。

（4）当喷浆口达到桩顶高度时，继续喷浆上提 0.5m，以保证桩顶质量。

（5）为满足设计桩径及强度要求，需严格保证注浆压力及注浆量。对深层硬土，为避免固结体尺寸减小，可采取提高注浆压力、泵量或降低回转、提升速度措施。

（6）钻孔至设计深度后，经现场检测确认满足设计深度要求后方能进行注浆，喷射注浆前检查高压设备和管路系统；设备的压力和排量必须满足设计要求，管路系统的密封圈保持良好，各通道和喷嘴内不得有杂物。

（7）在喷射注浆过程中，观察返浆情况的发生，以便及时了解地层变化、喷射注浆效果和喷射参数是否合理。

（8）喷射注浆完毕后，卸下的注浆管注浆泵、搅拌机用清水清洗干净，压气管路和高压泵管路分别用送风、送水进行冲洗。

5.1.10 安全措施

1. 引孔旋喷一体机设备安装

（1）设备安装由专门班组负责，统一安排，有序组织。

（2）主机机架倒放和直立时，做好安全防护，吊装时专人指挥。

（3）开启使用前，检查各机械结构件是否牢固，各传动机构是否良好，各个连接部位的连接螺栓是否有松动，链条传动是否顺畅。

2. 水泥浆制备及输送

（1）现场作业人员按要求佩戴防护用品，浆液进入五官时立即采用清水清洗处理。

（2）高压注浆泵运转时，操作人员精力集中，观察仪表各项参数，如转速、注浆压力等是否正常。

（3）高压泥浆泵、空压机、高压清水泵指定专人操作，压力表按期检定，以保证正常工作。

3. 潜孔锤钻进引孔及提升钻杆旋喷成桩

（1）施工时一体机定人、定机、定岗位，设立专人操作，禁止非专业人员操作。

（2）潜孔锤空压机高压空气管连接紧密，钻机就位时固定好支腿，确保各个支撑点均匀受力。

（3）在一体机运行期间，其他无关人员禁止进入施工作业的区域。

（4）机器定期保养，不得超负荷运转。

5.2 树根桩顶驱跟管钻进劈裂注浆成桩施工技术

5.2.1 引言

微型树根桩广泛应用于软土地基加固处理，施工时通常先钻孔至设计孔底标高，清孔后放入注浆管，在孔内填入砾料；然后，分别进行孔内常压一次注浆、二次高压注浆成桩，起到对地层加固的作用。

云浮港都骑通用码头二期工程项目场地位于港口沿岸，场地上覆分布厚软弱土层，地下水含量丰富，设计采用树根桩对岸坡进行地基加固处理。地基处理采用树根桩复合地基，设计桩径 200mm，平均桩长 24m，梅花形布置，桩间距 1.5m，持力层为强风化砂岩。项目开始施工时，采用一般地质钻机成孔，因地层松软、含水量大，钻孔发生塌孔、缩颈、偏斜，导致注浆管下入困难，孔内无法填入砾料，注浆效果差，现场施工无法满足设计要求。

针对软土地基树根桩施工过程中存在的钻孔易塌孔、砾料填灌困难、注浆效果差等问题，综合项目实际条件及施工特点，对软土地基树根桩施工方法展开研究，经过现场试验、优化改进，形成了"树根桩顶驱跟管钻进劈裂注浆成桩施工工艺"。此工艺采用顶驱回转钻机提供动力，采取全套管跟管钻进成孔，钻进过程利用高压水同步清孔，钻孔完成后在套管内下放注浆钢管，并在护壁套管和注浆钢管的空隙内填灌砾料；拔除跟管套管后分别进行一次常压注浆和二次高压劈裂注浆，注浆时采用螺栓式封孔工艺对注浆管口进行有效封堵，确保了注浆效果。经过多个项目实践，形成了完整的施工工艺流程、技术标准、工序操作规程，达到了质量可靠、成桩高效的效果，取得了显著的社会效益和经济效益。

5.2.2 项目应用

1. 工程概况

云浮港都骑通用码头工程（二期）位于云浮市云城区都骑镇，新建 3 个 1000t 级泊位（结构按 5000t 级设计），码头平面布置采用栈桥式。码头通过 2 座引桥与陆域连接，中间引桥宽度为 15m，右侧引桥宽度为 12m；码头长度 173.85m，宽度 25m，前沿顶标高 20.02m。码头坡岸设中部平台和顶部平台，为确保坡岸稳定，对平台基础进行加固处理。现场码头、中部平台和顶部平台见图 5.2-1。

图 5.2-1 现场码头、中部平台和顶部平台

2. 地基加固设计

本项目针对码头护岸平台结构地基采用树根桩加固，树根桩桩径 200mm，桩芯采用外径 89mm、壁厚 6mm 的 Q235 钢管，钢管下部 3m 每隔 300mm 沿钢管周边均匀开 3 个 6mm 的小孔；码头顶部平台树根桩 907 根，单根长度 25m，总长 22675m；中部平台树根桩 883 根，单根长度 23m，总长 20309m。

设计树根桩主要施工工序：钻孔（泥浆护壁）、第一次清孔、放入钢管、填瓜米石、第二次清孔、浆液制作、一次注浆、二次注浆。

场地坡岸加固设计平面见图 5.2-2，坡岸平台树根桩加固剖面见图 5.2-3，树根桩桩身结构及与顶板连接示意见图 5.2-4。

3. 施工及验收情况

平台树根桩加固于 2021 年 3 月开始施工，最初采用地质钻机施工，正循环泥浆护壁

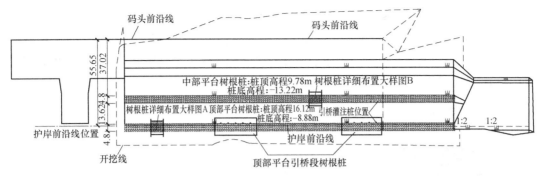

图 5.2-2 场地坡岸加固设计平面图

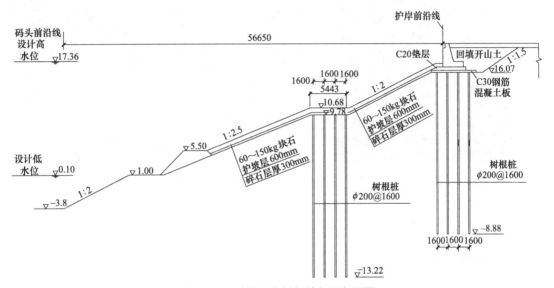

图 5.2-3 坡岸平台树根桩加固剖面图

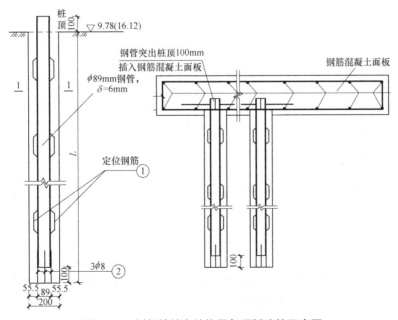

图 5.2-4 树根桩桩身结构及与顶板连接示意图

钻进工艺成孔,在下入注浆钢管后出现塌孔,无法填入瓜米石满足设计要求,施工队伍和钻机退场。我项目部于2021年5月进场,采用顶驱钻机、全套管跟管钻进,各工序严格按设计要求执行。施工完成后,采用小应变验收,全部满足设计要求。现场树根桩施工见图 5.2-5、图 5.2-6。

图 5.2-5　树根桩顶驱钻机跟管钻进

图 5.2-6　树根桩复合地基施工现场

5.2.3　工艺特点

1. 成孔效率高

本工艺采用顶驱动力回转钻进成孔,外套管钻头在高频振动下对土体进行冲击回转切削;同时,配合高压水对套管内部土体进行切削冲洗,大大提高了钻进效率。

2. 桩身完整性好

本工艺采用全套管跟管护壁成孔后,在套管内填灌砾料,避免了因孔壁坍塌造成的砾料填灌不足从而影响桩身质量的问题,有效保证了桩身完整性。

3. 加固效果好

本工艺注浆时采用新型螺栓式封孔器,密封效果好,避免了高压注浆时因注浆压力不够、孔口漏浆而造成注浆效果不理想,有效提高了地基加固效果。

5.2.4　适用范围

适用于直径不超过200mm、长度不超过20m的钢管树根桩施工和松散易塌、地下水丰富的软土地基处理。

5.2.5　工艺原理

本工艺是针对钢管树根桩采用液压顶驱跟管回转、全套管跟管钻进、螺栓式封孔高压注浆的施工工艺,其关键技术主要包括三部分:一是顶驱动力回转钻进技术;二是全套管跟管钻进;三是装配式螺栓封孔注浆技术。

1. 顶驱动力回转钻进技术

本工艺采用顶驱回转钻进，与一般的回转型钻机相比，顶驱动力钻机的动力头能够实现高频往复振动，带动套管及钻头对土体进行冲击回转和切削钻进。本工艺采用的顶驱动力钻机振动频率可达每分钟 2800 次，对土体产生高频冲击力，提高破碎能力，提升钻进效率。

2. 全套管跟管钻进技术

为确保微型树根桩的成桩质量，本工艺采用全套管跟管钻进成孔。全套管跟管钻进是在套管底部配置合金材质的管靴钻头，在顶驱回转作用下对土体具有良好的切削能力，套管钻头既钻进破碎土层，又起到护壁作用。

在顶驱钻进的同时，采取从钻杆顶部注入压力 10MPa 的高压水配合钻进，高压水对套管内的土体进行高速切割，减小套管钻进阻力，并将套管内的土体冲压挤出套管底部，实现有效排渣。

待套管钻进至设计标高，在套管内下放注浆钢管，在套管护壁作用下将砾料填灌至套管与注浆钢管之间的环状空间，待砾料填灌至地面时上拔套管，跟管套管既保证了钻孔直径，又确保了回填砾料满足设计要求。

全套管跟管钻机和钻进合金钻头见图 5.2-7，全套管顶驱动力回转钻进原理见图 5.2-8，套管与注浆管间填灌砾料见图 5.2-9。

图 5.2-7 套管管靴合金钻头

3. 装配式螺栓封孔注浆技术

本工艺注浆时，采用装配式螺栓封孔技术，对注浆钢管顶部实施有效封孔。装配式螺栓式封孔器由两部分组成，上部为带孔钢密封帽，下部为卡扣，具体见图 5.2-10。其中密封帽顶部开孔用于连接注浆导管，内置两层橡胶密封圈（图 5.2-11），起到注浆密封作用；卡扣紧固在注浆钢管外侧，起到固定作用；密封帽与卡扣通过螺栓连接，利用卡扣与外壁紧固力抵消注浆时反冲力，以此达到密封及固定效果。使用装配式螺栓式封孔器进行封孔，能有效避免高压注浆时因漏浆导致的注浆不连续、浆液压力不稳定导致的桩体质量差的问题。

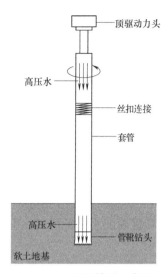

图 5.2-8　顶驱钻进示意图

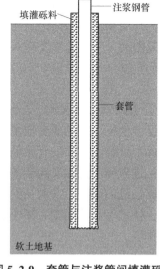

图 5.2-9　套管与注浆管间填灌砾料

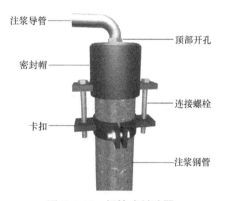

图 5.2-10　螺栓式封孔器

图 5.2-11　密封帽内橡胶密封圈

5.2.6　施工工艺流程

树根桩顶驱跟管钻进劈裂注浆成桩施工工艺流程见图 5.2-12。

5.2.7　工序操作要点

1. 桩位测量放样

（1）按平台的设计边界和标高对场地进行清理、压实，具体见图 5.2-13。

（2）根据设计图纸的要求进行放样，布置各树根桩的位置，插定位钢筋，对每个桩孔的位置编号。

（3）在场地内布置定位轴线，以便施工中部分桩位标记被扰动后核对，具体见图 5.2-14、图 5.2-15。

2. 顶驱动力跟管护壁钻进

（1）在施工位置铺设行道板，用作钻机的工作平台，以防钻机不均匀沉陷或倾斜。

（2）安装首节带钻头的套管（图 5.2-16），利用钻机顶驱回转动力使套管钻入地层；钻进过程中，在钻杆顶部注入高压水冲击套管内部土体，跟管护壁钻进见图 5.2-17。

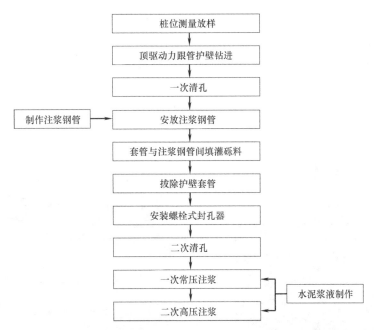

图 5.2-12 树根桩顶驱跟管钻进劈裂注浆成桩施工工艺流程图

图 5.2-13 挖掘机对平台场地进行清理、压实

图 5.2-14 测量放样

图 5.2-15 钻头就位后复核桩中心位置

图 5.2-16 首节套管安装

（3）钻进过程中，从钻杆顶部泵入压力为 10MPa 的高压水配合钻进，高压水对套管内的土体进行冲击、切割，减小套管钻进阻力；同时，将套管内的土体冲压出套管底部实现排渣。高压水泵采用 QX125-100/5-9.2 型污水潜水电泵，其功率 9.2kW、扬程 100m、流量 125m³/h。高压潜水电泵见图 5.2-18。

图 5.2-17　跟管护壁钻进

图 5.2-18　高压潜水电泵

（4）钻进时，利用下方 3 个夹具配合钻机动力头旋转加接套管，加接套管见图 5.2-19，套管夹具见图 5.2-20；同时，利用钻机自带的小型悬吊装置和置管架，配合人工对套管进行吊装存放，具体见图 5.2-21。

图 5.2-19　加接套管

图 5.2-20　套管夹具

图 5.2-21　悬吊装置和置管架

（5）钻机动力头机架上设置有测斜仪，钻杆的垂直度在钻机驾驶舱内的电子屏上实时显示，具体见图 5.2-22、图 5.2-23。

3. 一次清孔

（1）终孔后，将钻头提离孔底 20cm 开启慢速回转；同时，套管内利用高压潜水电泵通入高压清水进行一次清孔。高压水套管内一次清孔见图 5.2-24。

（2）通过一次清孔将孔内的泥皮及微细砂粒彻底从孔内排出，为二次清孔做好准备。

图 5.2-22　测斜仪

图 5.2-23　操作室测斜仪显示屏

4. 注浆钢管制作与安放

（1）注浆管在现场制作，加工场设置于平台之上，具体见图 5.2-25。

图 5.2-24　高压水套管内一次清孔

图 5.2-25　现场注浆钢管加工场

（2）注浆钢管采用直径 89mm、壁厚 6mm 的钢管，下部 3m 范围内每隔 30cm 周身均匀设 3 个直径 6mm 的注浆孔。注浆钢管见图 5.2-26，注浆钢管注浆孔制作见图 5.2-27。

（3）注浆钢管一端焊接内径 91mm、壁厚 6mm、长 20cm 的钢管，用于注浆钢管间套焊接长，具体见图 5.2-28。

（4）注浆钢管底部焊接 3 根定位导向钢筋，便于钢管下入套管，使钢管与孔底能预留出 100mm 高的空隙，具体见图 5.2-29；注浆钢管上每隔 3m 均匀设置 3 个对中架，以使注浆钢管居中安放，见图 5.2-30。

（5）用钻机的辅助吊下放注浆钢管（图 5.2-31），入孔接近套管口时，用卡钳夹住钢管固定在套管口（图 5.2-32），并将下一节钢管吊放并套接（图 5.2-33），采用孔口焊接（图 5.2-34），焊接完成后松开夹钳并继续下放，直至注浆钢管达到设计标高。

图 5.2-26　注浆钢管

图 5.2-27　注浆钢管注浆孔制作

图 5.2-28　钢管套接加工

图 5.2-29　焊接定位钢筋

图 5.2-30　焊接对中架

图 5.2-31　下放注浆钢管

图 5.2-32　卡钳固定钢管

图 5.2-33　钢管间套接

图 5.2-34　焊接注浆钢管

（6）钢管套焊对接后，用测斜尺检测垂直度，如出现偏差可采用敲击调整纠偏，具体检测钢管垂直度见图 5.2-35。

图 5.2-35　注浆钢管对接后测垂直度

5. 套管与注浆钢管间填灌砾料

（1）充填砾料采用粒径为 5～10mm 的瓜米石。

（2）向套管与注浆钢管之间的环状空间内填灌砾料，直至填至套管口，具体见图 5.2-36。

图 5.2-36 套管内填灌砾料

6. 拔除护壁套管

（1）采用钻机分节起拔套管，起拔过程中低速慢转操作，防止过快起拔造成砾料快速扩散而引起注浆钢管移位；起拔跟管套管时，沿中心线垂直拔出，防止对注浆钢管的扰动。

（2）钻机动力头配合下方夹具上拔、拆卸护壁套管，拆下的套管通过钻机自带的小型吊机搭配人工放至套管架中，见图 5.2-37。跟管套管拔出后，及时采用长度为 1m 的临时钢护筒插入孔内用于稳定孔口地层，防止孔口地层坍孔而对注浆管产生挤压，放置孔口临时护筒见图 5.2-38。

图 5.2-37 起拔套管　　　　图 5.2-38 放置孔口临时护筒

（3）临时护筒安装到位后，向孔内补填砾料至孔口位置，以固定注浆钢管；补填料时，将注浆钢管口堵塞，防止砾料填入，具体见图5.2-39。在套管口放置三角定位架，使注浆钢管位于护筒中心即桩孔中心位置，具体见图5.2-40。

图5.2-39　孔内补填砾料　　　　　　　图5.2-40　孔口放置三角定位架

7. 安装螺栓式封孔器

（1）待套管全部拔出后，将螺栓式封孔器的卡扣卡在注浆钢管上；然后，穿入螺栓。并拧紧螺母，将卡扣牢固定在注浆管上，见图5.2-41。

（2）将密封帽套在注浆管管口位置上，螺栓孔位置与下部卡扣螺栓孔对正，在密封帽及下部卡扣螺栓孔内插入连接螺栓并拧紧螺母，见图5.2-42。

（3）将注浆导管连接到封孔器上，确保接头拧紧，封孔器连接注浆导管见图5.2-43。

图5.2-41　安装卡扣　　　　图5.2-42　安装钢密封帽　　　　图5.2-43　连接注浆导管

8. 二次清孔

（1）二次清孔注水采用BW150型高压注浆泵，注浆泵最大流量150L/min，最大压力为7MPa。

（2）向注浆钢管内注入清水，直至孔口返出清水。注浆泵见图5.2-44，二次清孔见图5.2-45。

图 5.2-44　BW150 型注浆泵　　　　　　　　图 5.2-45　二次清孔置换过程

9. 水泥浆液制作

（1）采用 P·O42.5R 早强型普通硅酸盐水泥，将水泥倒入搅浆桶内，均匀加水，按 0.5 的水灰比配制水泥浆，并检测泥浆相对密度是否符合要求。

（2）将搅拌均匀后的水泥浆导入浆池，进行二次搅拌，保证泥浆供应量充足且泥浆均匀，配制水泥浆见图 5.2-46～图 5.2-48。

图 5.2-46　配制水泥浆　　　图 5.2-47　水泥浆密度检验　　　图 5.2-48　水泥浆储存

10. 一次常压注浆

（1）一次注浆压力控制在 0.5～0.8MPa，注浆流量为 32～47L/min，随着注浆的进行，浆液从注浆钢管底部上返，注入的水泥浆液逐步将孔内清水置换。

（2）一次注浆直至孔口返浆的相对密度与水泥浆相同时结束，一次注浆置换孔内清水见图 5.2-49，孔口返浆见图 5.2-50。

11. 二次高压注浆

（1）在一次注浆完成后，间歇 2～3h 实施二次高压注浆。

（2）二次注浆压力为 2～4MPa，待注浆管内充满水泥浆，在 2MPa 压力下稳压 5min，直至孔口上返浓浆；二次注浆完成后，拆除注浆钢管顶的封孔器，二次注浆见图 5.2-51。

图 5.2-49　一次注浆置换孔内清水

图 5.2-50　一次清浆孔口返浆

图 5.2-51　二次注浆压力表及孔口返浓浆

（3）注浆结束后，对注浆导管进行清洗，防止导管堵塞影响下一次使用。注浆完成最终成桩桩顶见图 5.2-52。

图 5.2-52　成桩桩顶

5.2.8　材料与设备

1. 材料及器具

本工艺所用材料、配件主要为钢管、套管、钢筋、二氧化碳气体保护焊丝等。

2. 设备

本工艺现场施工主要机械设备配置见表 5.2-1。

主要机械设备配置表

表 5.2-1

名称	技术参数	备注
液压顶驱凿岩钻机	德力 NY160,最大振动频率 2800 次/min	钻进成孔
切割机	400 钢材机	钢管切割
电焊机	LGK-120	钢管焊接
水泥浆搅拌机	GZJ-600XS,600L	制浆
注浆泵	BW150 型,最大流量 150L/min	注浆
潜水污水电泵	QX125-100/5-9.2 型,扬程 100m,流量 125m³/h	注高压水

5.2.9　质量控制

1. 顶驱跟管钻进成孔

（1）对场地进行平整处理，确保软土地基上的行道板铺设稳固，以防止钻进过程中沉陷或偏斜。

（2）根据孔位调整钻机位置，保证桩位偏差不超过 20mm。

（3）利用动力头机架上安装的测斜仪调整钻杆的垂直度，在钻进过程中实时纠偏，保证桩身垂直度偏差不超过 1%。

（4）保证顶部高压水压力稳定，随着套管钻进对土体进行持续冲击和切割。

2. 注浆钢管制作与安放

（1）注浆钢管上的对中支架焊接牢靠，位置偏差不超过 2mm,尺寸偏差不超过 0.5mm。

（2）严格按照设计要求对钢管进行打孔、焊接定位钢筋,孔位偏差不超过 2mm,孔径偏差不超过 0.5mm。

（3）端部焊接用钢管套与钢管对中,下放焊接时保证两根钢管中轴线对齐,角度偏差不超过 1%。

3. 填灌砾料

（1）填灌砾料采用粒径为 5~10mm 的瓜米石,填灌前去除杂物。

（2）瓜米石计量投入孔口填料漏斗中,直至填满,填入量不小于计算体积。

（3）填灌时,注意将注浆钢管孔口封堵,以防将砾料填入注浆钢管。

4. 清孔

（1）一次清孔采用钻机顶部的 10MPa 高压水,将孔内的泥皮及孔底沉渣彻底从孔内排出,直至套管口返出清水为止。

（2）二次清孔采用注浆泵泵送高压水,直至孔口返出清水停止。

5. 注浆

(1) 注浆前，按要求连接好封孔器及注浆导管，确保孔口密封完好。

(2) 注浆浆液的水灰比、相对密度等参数满足设计要求，且确保浆液搅拌均匀，浆液中无石块、杂物等混入。

(3) 一次注浆压力为 0.3～0.8MPa，二次注浆时压力保持 2～4MPa。

(4) 注浆时，观测压力表的压力值，并采用逐步加压的操作方式，防止压力上升过快。

(5) 二次注浆在一次注浆之后 2h 进行，在 2MPa 压力下稳压 5min 结束，注浆充盈系数不小于 1.2。

5.2.10 安全措施

1. 顶驱跟管钻进成孔

(1) 作业前反复检查钻机、钻具、套管，有裂纹和丝扣滑丝的钻杆和套管严禁使用。

(2) 钻机液压、水压管路连接牢靠，避免脱开。

(3) 套管装卸悬吊时固定牢靠，每吊运一次套管后将置管架笼门关闭。

2. 注浆钢管制作与安放

(1) 进行气焊（割）作业时按规定操作，避免气焰伤人。

(2) 吊放钢管时绑扎牢固。

3. 清孔

(1) 一次清孔时，孔口附近不站人，防止高压水喷出。

(2) 二次清孔时，将螺栓封孔器固定牢靠，避免脱开。

4. 注浆

(1) 注浆管路连接牢靠，避免在高压下脱开。

(2) 确保螺栓封孔器固定牢靠，防止封孔器被冲出。

5.3 树根桩高压注浆钢管螺栓装配式封孔技术

5.3.1 引言

树根桩施工工序主要包括跟管钻进成孔、下入孔内注浆钢管、回填砂砾料、起拔护壁套管、一次常压注浆、二次高压注浆成桩等。树根桩设计直径一般为 200mm，内插直径 89mm 注浆钢管。在进行高压注浆时，通常设置用于连接孔内注浆钢管和注浆导管的封孔器，水泥浆液在高压作用下经注浆导管、封孔器后进入孔内的注浆钢管内，并通过设置在注浆钢管底部的注浆孔穿过填料由下至上返浆至孔口；在高压注浆过程中，封孔器承受返浆带来的高压反冲作用力。因此，需采用一定的技术措施，将封孔器在注浆管孔口密封、固定，以确保达到注浆效果。

树根桩施工过程中，注浆导管配置的接头封孔器常采用捆绑法固定，其在钢管顶端焊接角钢，采用钢绞线捆绑固定注浆导管，具体见图 5.3-1。捆绑法固定主要是依靠钢绞线的捆绑拉力来抵抗浆液反冲力，现场操作简单，但是在钢绞线长时间使用后易松弛，影响

185

封孔固定效果。

　　针对树根桩高压注浆导管捆绑式封孔器安装固定中存在的问题，项目组设计出一种高压注浆钢管螺栓装配式封孔器，具体见图 5.3-2。螺栓装配式封孔器依靠下部卡扣紧固在注浆钢管外壁上，卡扣与上部密封帽通过螺栓连接，使封孔器与注浆钢管达到固定和密封效果；在完成孔内高压注浆后，通过拆除螺栓实现便捷拆卸。

图 5.3-1　捆绑式注浆导管固定装置　　　图 5.3-2　树根桩高压注浆钢管螺栓装配式封孔器

5.3.2　工艺特点

1. 固定牢靠

　　本工艺的高压注浆钢管封孔器的下部卡扣利用螺栓将密封帽紧固在注浆管外壁，两者依靠螺栓紧固连接，固定效果好。

2. 密封性好

　　本工艺封孔器的密封帽套内设置两层橡胶密封圈，密封圈安装后密封帽内的直径小于注浆钢管的外径，安装固定后密封效果好。

3. 装拆方便

　　本工艺的高压注浆封孔器采用上部密封帽、下部卡扣的装配式设置，利用螺栓紧固，仅靠扳手便可实现装拆，操作方便，省时省力。

4. 使用成本低

　　本工艺的封孔器采用钢制，耐用时间长；高压注浆封孔器与注浆管利用螺栓紧固，属于临时性连接，注浆完成后可拆换至其他注浆钢管进行封孔注浆，可重复使用，总体使用成本低。

5.3.3　适用范围

　　适用于直径 200mm 的树根桩、管径 89mm 的注浆钢管孔口封孔固定；通过调整封孔器的尺寸，可适用于不同的高压注浆管孔口封孔固定。

5.3.4　螺栓装配式封孔器构成

树根桩高压注浆钢管螺栓装配式封孔器的结构主要由上部密封帽、下部卡扣和连接螺栓构成，具体见图5.3-3、图5.3-4。

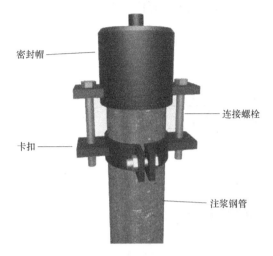

图5.3-3　封孔器3D示意图

图5.3-4　封孔器实物

5.3.5　螺栓装配式封孔器结构特征

1. 密封帽

（1）规格尺寸

密封帽位于外径89mm注浆钢管顶，其外径为154mm，内径92mm，两端翼板长为45mm，螺栓孔直径17mm。密封帽结构尺寸示意见图5.3-5。

（2）结构

密封帽内部设置有两道凹槽，槽内安设两道橡胶密封圈，起密封及缓冲作用。密封帽顶部设置凸出的丝扣连接管，与带螺母的注浆胶管连接。密封帽两端各设置对称的翼板，用于安装螺栓连接下部卡扣，以及便于现场安装。具体见图5.3-6、图5.3-7。

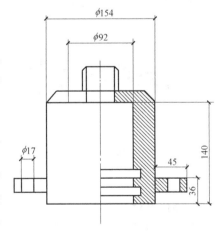

图5.3-5　密封帽结构图

图5.3-6　密封帽图

图5.3-7　密封帽内橡胶密封圈

（3）材质

密封帽采用 Q235B 材质铸造及焊接而成，橡胶密封圈采用聚四氟乙烯材质。

2. 卡扣

（1）规格尺寸

卡扣外径 122mm，内径 89mm，两端翼板长为 61mm，螺栓孔直径 17mm。下部卡扣结构具体见图 5.3-8。

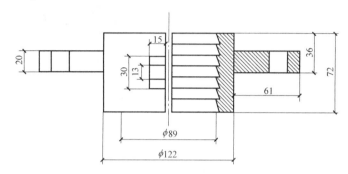

图 5.3-8　下部卡扣结构图

（2）材质

采用 Q345B 无缝钢管加工而成。

（3）结构

卡扣内侧设置成凹凸形，用于增加与钢管外壁摩阻力。卡扣依靠活动头连接，采用螺栓紧固在注浆钢管上，具体见图 5.3-9、图 5.3-10。

图 5.3-9　卡扣

3. 连接螺栓

使用 M16 规格螺栓及配套螺母，具体见图 5.3-11。

5.3.6　固定封孔原理

本工艺的封孔器密封帽内装有橡胶密封圈，起到注浆密封作用；卡扣紧固在注浆钢管外侧，起到固定作用；密封帽与卡扣通过螺栓连接，利用卡扣与外壁紧固力抵消注浆时反冲力，以此达到密封及固定效果。

5.3.7　封孔器安装

1. 安装卡扣

首先，将卡扣套在注浆管外壁，而后穿入螺栓拧紧螺母，将卡扣牢固定在注浆管上。

图 5.3-10 卡扣安装

图 5.3-11 连接螺栓

2. 安装密封帽

将密封帽套在注浆管管口位置上，螺栓孔位置与下部卡扣螺栓孔对正。

3. 安装螺栓

在密封帽及下部卡扣螺栓孔内插入连接螺栓并拧紧螺母，使其紧固。

封孔器安装流程见图 5.3-12。

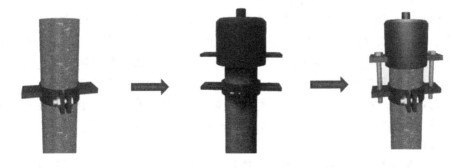

图 5.3-12 封孔器安装流程示意图

第6章　灌注桩孔内事故处理新技术

6.1　旋挖桩孔内掉钻螺杆机械手打捞施工技术

6.1.1　引言

旋挖钻机钻进时利用连接钻杆的钻头在孔内循环取土、卸土，直至钻至符合设计深度。旋挖钻头与钻杆多采用钻头顶部的方套与钻杆下部方头连接，只需将钻杆的方头插入钻头的方套内，再插上两根连接销轴及保险销便可完成钻头安装。旋挖钻头方套、钻杆方头及连接销轴具体见图6.1-1～图6.1-3。

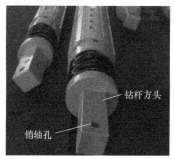

图 6.1-1　钻头方套示意图　　图 6.1-2　钻杆方头示意图　　图 6.1-3　连接销轴示意图

在旋挖桩成孔过程中，由于持续的旋转钻进，钻杆承受一定的扭矩，容易造成连接销轴疲劳，使固定连接销轴的保险销断开，或由于钻头入孔前销轴固定操作不规范而导致松动脱落问题，使钻杆方头与钻头方套脱落，造成钻头孔内掉落事故。

旋挖钻头孔内掉落的事故时有发生，由于掉落的钻头处于孔底，有的处于最深达数十米的孔中，打捞难度较大。遇到旋挖掉钻时，最常用的处理方式有以下三种，一是由潜水员潜入孔内打捞，利用钢丝绳将钻头固定后吊起；此种打捞方法危险性较大，尤其当钻孔深度超过50m时，潜水员在孔内承受超限水压力，难以实施下潜打捞。二是借助钢丝绳下打捞钩沉入孔底，进行盲式打捞；这种打捞方式由于钢丝绳和打捞钩之间是软连接，而且钻头位于几十米深的泥浆中，往往难以钩牢，耗费时间长，打捞成功率低。三是在各种打捞办法无效时，对掉落钻头的孔桩进行设计变更，对原桩孔报废回填，并在桩位附近重新进行补桩（用2根桩代替），加大施工承台；该方法大大增加了施工成本，拖延工期，掉落的钻头经济损失大。

针对目前旋挖打捞方式的主要弊端，项目组根据旋挖钻头的结构特性和旋挖钻机钻杆与钻头连接的特性，特制专用的打捞机械手（爪），只要将机械手下放至孔底钻头脱落位置，通过旋挖钻机旋转操控机械手的开合，使其牢固抓住钻头顶部的方套凸出部位，从而使机械手与掉落的钻头建立新的连接，再通过旋挖钻机提升钻杆将掉落的钻头打捞出孔。通过数个项目的打捞应用，达到了快捷、准确、安全、经济的效果。

6.1.2 工艺特点

1. 打捞精准、快捷

本工艺打捞机械手与旋挖钻机钻头连接方式相同，实现快速安装，采用旋挖钻机打捞无需另外使用其他机械辅助施工；采用螺杆原理通过旋转螺杆控制机械手的开合，机械手采用仿生设计，可精准打捞掉落钻头，成功率高。

2. 安全可靠

本工艺仅利用旋挖钻机自身的钻杆以及特制打捞机械手便可实施打捞工作，无需潜水员潜入泥浆打捞钻头，机械手采用机械联动组合设计，捕抓掉落物能力强，提升能力大，打捞过程安全、可靠。

3. 经济效益显著

本工艺使用的机械手快速将掉落的旋挖钻头打捞出孔，其制作成本费约 1.3 万元，而且能够循环使用。免除了潜水员入孔打捞的高额费用和安全风险，更是节省了报废该桩孔的巨额费用和重新补桩的时间成本，整体经济效益显著。

6.1.3 适用范围

适用于打捞各种掉落孔内的旋挖钻头、旋挖钻头底门板及其他物件；适用于打捞直径不大于 2500mm、钻头质量小于 10t 的旋挖钻头；适用于抓取部位尺寸大于 260mm、小于 800mm 的掉落物。

6.1.4 工艺原理

1. 打捞设计技术路线

（1）打捞装置选择

目前，莲花抓手（斗）在煤矿、矿石以及废钢等抓取松散碎料市场中应用已经十分广泛，是一种能在各种恶劣环境下取代人力从事废钢、生铁、矿石等装卸的有效工具，常用莲花抓手抓取废钢渣见图 6.1-4。由此考虑到，设计一款类似的机械抓手下入深孔中抓取掉落钻头，再将钻头提升出孔。

图 6.1-4 莲花抓手抓取废钢渣

（2）打捞机械手动力设计

旋挖钻机是通过钻杆旋转带动钻头旋转进行工作，如果能够利用钻杆旋转作为打捞机械手的动力，便可以解决打捞机械手的动力问题。考虑到旋转螺杆同样可以使螺母进行上下运动，如果将螺杆安装在旋挖钻机的钻杆上，通过旋转钻杆带动螺杆转动，然后驱动机械手的开合，便可实现机械手抓取掉落钻头。

（3）打捞机械手连接结构设计

旋挖钻头种类繁多，但通常钻头与钻杆连接方式都采用方套与钻杆方头连接，方套外缘尺寸一般标准为 360mm 或 420mm，钻杆方头插入方套内，再插上连接销轴及保险销便可完成钻头安装。根据旋挖钻头与钻杆的连接方式，本工艺提出设计一种打捞机械手，可直接安装在旋挖钻机钻杆上。

2. 打捞机械手结构设计

基于上述技术路线设想和综合分析，设计一种打捞机械手。打捞机械手由连接方套、螺杆、组合螺母、连接杆、定位法兰、打捞钩等组成，其模型图、结构示意图、实物图见图 6.1-5～图 6.1-7。

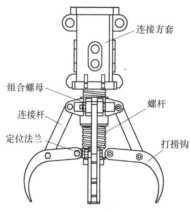

图 6.1-5　机械手模型图　　图 6.1-6　机械手结构示意图　　图 6.1-7　机械手实物图

（1）连接方套、螺杆

打捞机械手顶部设计一个连接方套，与旋挖钻头方套相同，用于与旋挖钻机钻杆安装相连，使打捞机械手可以借助钻机的钻杆下放至桩孔内部进行打捞作业。连接方套外缘尺寸为 420mm×420mm。

螺杆外径为 200mm，通过焊接与连接方套形成一个整体。主要功能为连接打捞钩，使组合螺母、定位法兰可沿其顺时针、逆时针方向旋转。螺杆末端定位法兰位置处仅设置卡槽，不设丝扣，使定位法兰可旋转，但不能上下运动。连接方套与螺杆实物见图 6.1-8。

图 6.1-8　连接方套与螺杆实物

（2）组合螺母、连接杆、定位法兰

组合螺母与螺杆采用螺纹连接，外侧设有连接耳与连接杆通过螺栓连接，可在螺杆中通过顺、逆时针方向旋转进行上下活动；组合螺母的上下活动作用于连接杆，从而实现打捞钩的开合。

连接杆的两头分别通过螺栓连接组合螺母的连接耳以及打捞钩中部，组合螺母在上下运动的过程中通过连接杆作用于打捞钩，使打捞钩可以内外开合，实现抓取钻头。

定位法兰固定于螺杆最底部，螺杆此处仅设卡槽，不设丝扣，所以定位法兰可沿螺杆轴心旋转，但不能上下运动。定位法兰外侧设连接耳与打捞钩通过螺栓连接，使打捞钩可以在定位法兰处合拢或张开。定位法兰、组合螺母、连接杆实物见图6.1-9。

图6.1-9 定位法兰、组合螺母、连接杆实物

（3）打捞钩

通过打捞钩的合拢与张开来实现抓取、松开掉落钻头。考虑到连接方套为正四边形，因此对称设计共4个打捞钩套。打捞钩张开最大尺寸为1000mm，合拢最小尺寸为260mm，因此可以牢靠夹取尺寸为360～420mm的钻头方套或其他尺寸适合的物件。打捞钩实物见图6.1-10。

3. 机械手打捞原理

在打捞钩张开至最大的状态下，将打捞机械手安装到旋挖钻机的钻杆上；利用旋挖钻机钻杆的伸缩功能把机械手缓慢下放至孔内掉钻位置，下放过程中，不旋转钻杆；当机械手触碰到掉落钻头时，钻杆停止下放，开始控制钻

图6.1-10 打捞钩实物图

杆沿逆时针方向转动；钻杆转动带动连接方套和螺杆同时转动，打捞钩也随之转动。当打捞钩旋转碰到掉落钻头方套固定板时，转动受阻，停止转动。此时，连接方套和螺杆仍然继续转动，使组合螺母沿着螺杆向下运动，而定位法兰只沿螺杆旋转不能上下活动，所以组合螺母与定位法兰之间的距离被压缩，通过连接杆作用于打捞钩，使打捞钩向内收缩，

完成打捞钩的合拢；当钻杆逆时针旋转受阻时，则表示机械手与钻头方头完全夹紧，打捞钩紧紧捕捉住掉落钻头。此时，通过提升钻杆将掉落钻头打捞出孔。

机械手随旋挖逆时针旋转合拢工作原理示意见图 6.1-11，机械手在三个不同项目打捞掉落钻头实例见图 6.1-12。

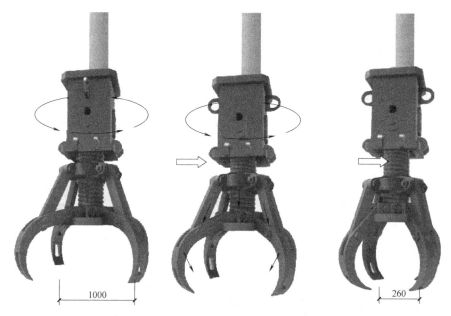

图 6.1-11 机械手随旋挖逆时针旋转合拢工作原理示意图

图 6.1-12 机械手在三个项目打捞钻头实例图

6.1.5 施工工艺流程

旋挖桩孔内掉钻螺杆机械手打捞施工工艺流程见图 6.1-13。

6.1.6 工序操作要点

1. 打捞前准备工作

（1）掌握孔内掉落钻头的详细情况，包括事故经过、钻头型号、大小、掉落位置等。

（2）测量孔内实际深度，与掉落钻头的位置进行比对，摸清孔内沉渣厚度。

（3）检查机械手完好情况，备好泥浆等辅助打捞工具。

2. 掉落钻头沉渣清孔

（1）调配好清孔泥浆，采用空压机形成气举反循环清孔，将孔内覆盖掉落钻头的渣土清除干净，防止沉渣过厚覆盖掉落钻头方套以及加重钻头重量。

（2）清孔至掉落钻头全部露出为宜，并尽可能向下清理孔内沉渣，为掉落钻头提升出孔减少阻力。

3. 旋挖钻机安装打捞机械手

（1）按照旋挖钻头安装方式安装机械手，并确保连接销轴安插到位，以及保险销固定牢靠。

（2）安装完成后，检查、确认机械手安装牢固，旋挖钻机打捞机械手安装具体见图6.1-14。

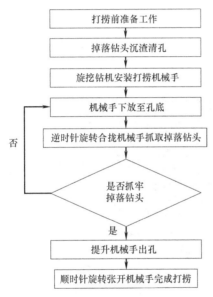

图 6.1-13　旋挖桩孔内掉钻螺杆机械手
打捞施工工艺流程图

图 6.1-14　机械手安装完成

4. 机械手下放至孔底

（1）将旋挖钻机就位，并对准桩位。

（2）下放机械手时缓慢放入，当下放受阻时则停止，并核对钻杆下放深度与掉落钻头方套内位置是否一致。机械手孔内下放模拟见图6.1-15。

5. 逆时针旋转合拢机械手抓取掉落钻头

（1）当确认入孔的机械手下放触碰到掉落钻头时，停止下放钻杆，此时开始逆时针方向缓慢旋转钻杆；当机械手的打捞钩触碰掉落钻头方套固定板后，则停止转动，具体见图6.1-16。

（2）此时，持续旋转钻杆，使组合螺母沿螺杆向下运动，通过连接杆作用于打捞钩，打捞钩收缩合拢；当钻杆无法旋转时，则表明打捞钩收缩至最小状态，打捞钩已牢固捕捉住掉落钻头方套。

图 6.1-15　机械手孔内下放模拟图

（3）当打捞钩捕抓住掉落钻头方套后，缓慢提升钻杆，直至打捞钩钩住方套凸出部位，具体见图 6.1-17。

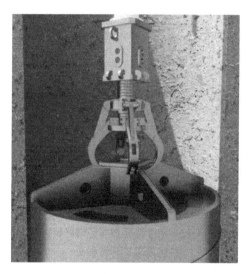

图 6.1-16　机械手打捞钩触碰至方套固定板示意图　　　图 6.1-17　机械手抓取掉落钻头示意图

6. 提升机械手出孔

（1）确认机械手已经牢靠抓住掉落钻头后，开始缓慢提升钻杆，提升钻头示意见图 6.1-18、图 6.1-19。

（2）提升时避免掉落钻头再次掉落，缓慢、匀速提升钻杆，直至掉落钻头打捞出孔，并放至平地。

（3）提升机械手出孔前，及时向孔内注入泥浆，维持孔内液面高度，防止钻头打捞出孔后造成液面下降而引发塌孔。

7. 顺时针旋转张开机械手完成打捞

（1）掉落钻头平稳落地，对掉落钻头进行支撑固定后，开始顺时针旋转钻杆。此时，

图 6.1-18 提升掉落钻头模拟图

图 6.1-19 提升掉落钻头至孔口

机械手张开，移开机械手，完成打捞工作。

（2）清洗机械手，检查机械手是否有损坏，如有及时修复。机械手张开完成打捞，见图 6.1-20。

图 6.1-20 机械手张开完成打捞

6.1.7 材料与设备

1. 材料

本工艺所用材料主要为清孔泥浆等。

2. 设备

本工艺现场施工主要机械设备配置见表 6.1-1。

197

主要机械设备配置表 表 6.1-1

名称	型号	技术参数	备注
旋挖钻机	BG30	钻孔最深深度 135m、总功率 300kW	提升打捞钻头
机械打捞手	自制	开合尺寸：260～1000mm	提升打捞钻头
空气压缩机	W-2.8/5	排气量 2.8m³/min、排气压力 0.5MPa、功率 14.7kW	气举反循环清孔

6.1.8 质量控制

1. 孔内清淤

（1）打捞前，了解孔内掉落钻头的具体情况，掌握孔径、孔深、钻头位置等，为下一步打捞提供依据。

（2）清除孔内掉落钻头沉渣时，注意随时补充足量的优质泥浆，以防泥浆补给量不足导致泥浆面下降，造成孔口坍塌事故。

（3）机械手下入桩孔前，充分清除钻头上覆盖的沉渣，不得急于开始打捞，否则容易出现机械手难以卡住掉落钻头凸起部位的情况，影响处理效率。

2. 机械手打捞

（1）旋挖钻机就位后始终保持平稳，确保在掉落钻头打捞过程中不发生倾斜和偏移，保证机械手下放与提升时不破坏孔壁。

（2）打捞入孔时，缓慢下放机械手，避免对泥浆造成过大扰动；提升机械手时，缓慢、匀速，防止钻头再次掉落。

（3）掉落钻头提出桩孔前，控制孔内泥浆水头高度，并保持性能良好，防止掉落钻头在脱离孔位时出现塌孔情况，以确保孔壁稳定。

（4）机械手置于地面后，用清水冲刷干净，仔细检查。如有损坏则进行修复，并及时入仓保管。

6.1.9 安全措施

1. 孔内清淤

（1）采用气举反循环清孔时，空气压缩机管路中的接头采用专门的连接装置，并将所要连接的气管（或设备）用细钢丝或粗钢丝绑扎相连，以防加压后气管冲脱摆动伤人。

（2）机械手安装使用前，检查机械手的完好状态，所有焊缝牢靠。安装完成后，检查确保连接轴销插到位，以及保险销固定牢靠。

2. 机械手打捞

（1）打捞时，指派专职安全员全程旁站，无关人员严禁进入施工区域。

（2）提升机械手时，操作缓慢、匀速，防止钻头再次掉落对桩孔造成破坏。

（3）掉落钻头吊出孔口后，及时对钻头进行支撑或平放，防止倾覆伤人。

6.2 既有缺陷灌注桩水磨钻"桩中桩"处理施工技术

6.2.1 引言

灌注桩成桩过程中，由于受地层条件复杂、工序操作不当或混凝土材料异常等影响，会出现一定程度的桩身混凝土离散（析）、断桩、桩底沉渣厚度超标等质量通病。当灌注桩检测判定为缺陷桩时，常见做法为通过注浆加固补强，或在原桩位上重新施工，或采用重新补桩等方法进行处理。当桩身缺陷位置埋藏较深或缺陷断面较大时，注浆加固法难以有效保证处理质量，且存在二次检验养护时间长等问题；若在原桩位上重新返工，由于桩身混凝土强度高、钢筋含量大，成桩过程施工耗时长、增加费用多，且由于桩基础承台已经开挖，大型桩机进场困难，受施工场地限制大；而采取重新补桩的方案，用对称两根或多根桩替代原桩，需要加大基桩承台，施工进度慢，桩身养护和质量检测周期长，总体处理费用高。

深圳宝安 A004-0072 宗地一期桩基工程完工后，通过小应变、超声波、钻孔抽芯等多种检测结果显示，共有 8 根主楼抗压桩存在严重的蜂窝麻面、沉渣等缺陷，被判定为Ⅲ类桩，需进行处理。其中，A167 桩有效桩长 17.67m，桩顶以下 12.1～12.3m 范围内分布有严重蜂窝、麻面；A150 桩有效桩长 17.99m，桩底沉渣厚度 0.83m，超过相关规范及设计要求。

由于该 8 根桩为主楼抗压桩，对整体建筑结构起到重要作用，如采用常规注浆法进行缺陷处理，难以有效保证处理效果；同时，因施工场地已完成底板及承台浇筑，无法再次进场旋挖钻机等大型机械设备，重新补桩的方案难以采用。为此，项目组采用一种新型的既有缺陷灌注桩水磨钻"桩中桩"处理施工技术，将原缺陷灌注桩的钢筋笼内、外保护层混凝土作为开挖护壁，逐层采用传统水磨钻沿桩身内侧进行咬合钻孔取芯，并将已产生临空面的桩身钢筋笼内部混凝土逐段取出，直至缺陷位置；将缺陷部位处理后，在空桩内绑扎钢筋笼、安放串筒灌注混凝土成桩。该处理方法经过数个项目应用实践，达到施工安全可靠、操作方便快捷、成桩质量可控、处理高效经济的效果。

6.2.2 工艺特点

1. 便于缺陷处理施工组织

新施工的灌注桩位于原缺陷桩桩身钢筋笼内部，只需在原桩位上架立水磨钻，采用小型机械人工操作施工，占用场地小，无需进场大型桩机设备，对处理场地要求低，便于施工组织和管理。

2. 缺陷处理施工过程直观可控

采用在缺陷桩中心凿取桩身混凝土芯的方法处理施工，整体过程直观可判，可及时查明和验证缺陷类型和性质，并有效完成对桩身缺陷部分的处理；同时，孔底沉渣、钢筋绑扎、混凝土灌注等工序操作质量易于把控。

3. 施工安全可靠

采用本工艺施工"桩中桩"时，水磨钻钻进保留了原缺陷桩足够厚度的钢筋混凝土保护层作为开挖护壁，该护壁为连续完整钢筋混凝土结构，止水效果好、强度大，对人工孔内水磨钻施工操作起到良好的保护作用，整体施工安全、可靠。

4. 综合施工成本低

本工艺只需在缺陷桩内开孔施工一个直径略小于缺陷桩的新桩，整体施工只采用手摇水磨钻机和人工操作，施工进出场便利，对现场其他施工工序影响小，与缺陷桩注浆处理或重新进场大型机械补桩等方法相比，本工艺综合施工成本大大降低。

6.2.3 适用范围

适用于直径不小于 $\phi 1600$mm 的缺陷桩处理，以确保"桩中桩"施工时孔壁钢筋混凝土厚度不小于 20cm；适用于直径不小于 $\phi 1200$mm 的"桩中桩"（即开孔施工的新桩），水磨钻钻进深度不大于 25m 的缺陷桩处理；适用于原缺陷桩为嵌岩桩的情况。

6.2.4 工艺原理

本工艺实质为在原缺陷桩中重新施工一根直径略小于原桩的新桩，施工时保留原缺陷桩一定厚度的钢筋笼内、外保护层混凝土作为开挖时的护壁，按经桩基设计单位复核的桩径，采用水磨钻咬合钻孔取芯工艺在缺陷桩内逐层将桩身钢筋笼内的混凝土分层分块取出，直至缺陷位置；将缺陷处理完毕后，在桩孔内重新绑扎钢筋笼、灌注混凝土成桩。

1. "桩中桩"开挖护壁

（1）护壁形式

采用本工艺处理缺陷桩时，原缺陷桩身已经形成完整的钢筋混凝土实体，在桩身中采用水磨钻逐层开挖时，保留原缺陷桩钢筋笼足够厚度的桩身混凝土作为开挖护壁；同时，由于缺陷桩底嵌入岩层中，桩底混凝土与岩层嵌固一体，处理桩端底部缺陷时，已具有钢筋混凝土护壁，有效隔绝了场地内不良地层和地下水的影响，可确保"桩中桩"顺利成孔施工。缺陷桩处理时，新桩开挖护壁情况见图 6.2-1、图 6.2-2。

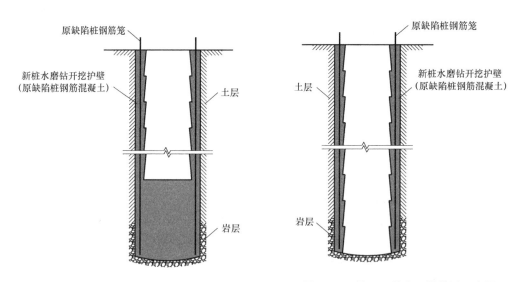

图 6.2-1　处理至桩身中部开挖护壁示意图　　　**图 6.2-2　处理至桩底开挖护壁示意图**

（2）护壁厚度

对于"桩中桩"水磨钻开挖时的护壁厚度，根据《建筑桩基技术规范》JGJ 94—2008 中"人工混凝土护壁的厚度不应小于 100mm"的要求，以及人工挖孔桩护壁的通常做法，本工艺将原缺陷桩钢筋笼内、外保护层混凝土作为开挖护壁，护壁厚度取 200mm，即"桩中桩"的最大直径比原缺陷桩小 400mm 且不小于 1200mm。护壁厚度设置见图 6.2-3。

2. "桩中桩"开挖成孔

（1）水磨钻环状咬合钻孔取芯

人工操作水磨钻在缺陷桩桩顶钢筋笼内侧钻孔取芯，沿桩周一圈环状按顺序逐个咬合钻取混凝土芯块，全断面施工完成后，各水磨钻孔连通为贯通的环形空间，使桩身中部混凝土与桩身外壁混凝土分离，形成外周临空面，具体见图6.2-4。

（2）桩身中部混凝土柱破除

采用水磨钻对缺陷桩第一层全断面咬合钻孔取芯形成外周临空面后，对中部混凝土柱进行凿除作业。

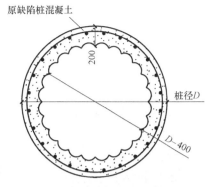

图6.2-3 "桩中桩"水磨钻施工缺陷桩钢筋混凝土护壁示意图

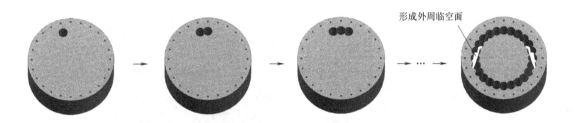

图6.2-4 水磨钻环状咬合钻孔取芯示意图（仅显示单节）

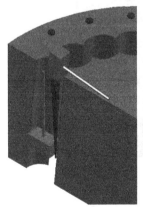

图6.2-5 铅锤击打背棒、背锤挤裂混凝土块示意图

中部混凝土柱上留有检测抽芯孔，再利用风炮机增加若干个钻孔，形成应力释放的破裂点；然后，在外环水磨钻孔内置入锤头（行话称"背锤"）与钢楔子（行话称"背棒"），背棒、背锤放置于孔内中部偏下约30～40cm位置，通过铅锤击打背棒挤压中部混凝土柱，使混凝土柱同时受到铅锤面上的拉力和水平面上的剪切力作用，当挤压力大于极限抗拉力和极限抗剪切力之和时，混凝土柱沿铅锤面被拉裂并从底部发生剪切破裂，从而从桩身混凝土本体中脱离；同时，抽芯孔及风炮孔连线位置产生贯通裂缝使混凝土柱被分解成若干块，最后利用卷扬机和吊斗将分块混凝土起吊出孔，见图6.2-5、图6.2-6。

如需破除的缺陷桩直径较大，可在中部混凝土柱上采用十字交叉钻孔进行两排咬合钻孔取芯，形成内部临空面，可大大提高中部混凝土柱分块破除的施工效率，见图6.2-7。

完成一层缺陷桩桩身混凝土凿除后，进行下一层施工，重复上述先水磨钻咬合环状取芯后，再破除中部混凝土柱的步骤，直至开挖至缺陷位置，完成缺陷桩体凿除处理，由此得到空心混凝土桩，见图6.2-8、图6.2-9。

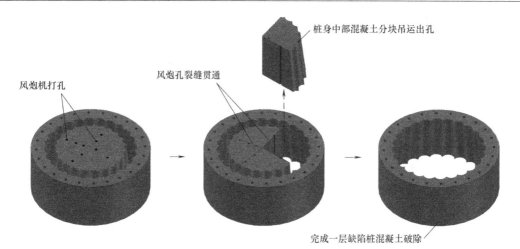

图 6.2-6　桩身中部混凝土柱破除示意图（仅显示单节）

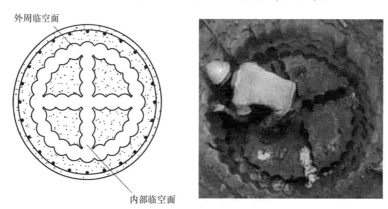

图 6.2-7　中部混凝土柱采用水磨钻十字交叉钻孔取芯

图 6.2-8　逐层凿除开挖至缺陷位置示意图

图 6.2-9　缺陷桩逐层凿除开挖现场

3. 缺陷处理

（1）桩身中段缺陷处理

当遇到桩身中段缺陷，如严重蜂窝麻面、混凝土疏松、断桩等情况，根据钻孔抽芯检测结果，在即将开挖至桩身缺陷部分时，适当放慢凿除速度，对缺陷分布该层的桩身混凝土凿除吊运出孔后，仔细观察复核缺陷程度及具体分布位置，确保最后一层水磨钻开挖凿除可将桩体缺陷部分混凝土完全清除干净。

（2）桩底缺陷处理

当遇到桩底缺陷，如沉渣厚度超过相关规范及设计要求时，桩身混凝土进行全长凿除开挖，最后一层水磨钻开挖底面超过桩底进入岩层中，将孔底沉渣全部清除干净；完成缺陷处理后，准备进行下一步孔内钢筋笼人工绑扎及串筒浇灌混凝土。

4. 串筒灌注"桩中桩"混凝土成桩

完成缺陷桩体凿除后，清理孔底遗留的沉渣废料，在桩孔内人工绑扎新的钢筋笼，再逐节安放串筒，以提高一个强度等级的混凝土进行串筒灌注成桩。"桩中桩"混凝土浇灌示意见图 6.2-10、图 6.2-11。

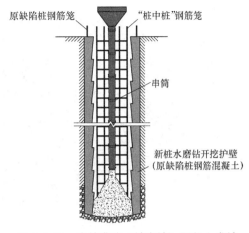

图 6.2-10 串筒灌注"桩中桩"混凝土成桩

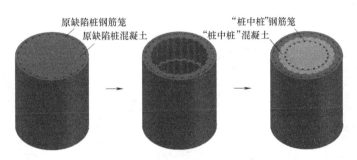

图 6.2-11 既有缺陷灌注桩水磨钻"桩中桩"处理工艺原理示意图

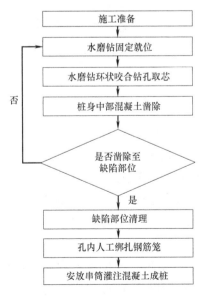

图 6.2-12 既有缺陷灌注桩水磨钻"桩中桩"处理施工工艺流程图

6.2.5 施工工艺流程

既有缺陷灌注桩水磨钻"桩中桩"处理施工工艺流程见图 6.2-12。

6.2.6 工序操作要点

以深圳宝安 A004-0072 宗地一期桩基工程项目处理 ϕ1600 主楼抗压桩为例说明，缺陷桩保留桩身混凝土护壁 200mm，则"桩中桩"直径为 ϕ1200，"桩中桩"主筋由原桩的 26Φ20 改为 18Φ20，箍筋同原桩。

1. 施工准备

（1）使用全站仪测量定位，放出缺陷桩桩芯位置，并根据设计施工图纸，放出桩孔圆周线，经监理工程师复核确认后开始施工。

（2）对桩芯上部作业面进行平整，作业面高差控制在±50mm 以内。

（3）沿缺陷桩孔四周砌筑厚 240mm、高 300mm

图 6.2-13　孔口砌筑临时防护结构

砖块作为孔口临时防护结构，防止人工入孔作业过程中杂物或明水进入桩孔内，具体见图 6.2-13。

（4）在缺陷桩孔位置处搭设钢管支架，架上安装滑轮，与电动卷扬机组成提升系统。

2. 水磨钻固定就位

（1）水磨钻施工时，机具主要包括水磨钻、水磨钻筒和专用水泵三部分组成；水磨钻功率 5.5kW，转速 780r/min；水磨钻筒外径 160mm、内径 140mm、壁厚 1cm、高度 62cm，每层钻进深度 60cm；水磨钻筒底部镶有金刚石刀头，用于高效切割混凝土体。水磨钻见图 6.2-14，水磨钻筒见图 6.2-15。

图 6.2-14　水磨钻实物图　　　　　**图 6.2-15　水磨钻筒及底部金刚石刀头**

（2）水磨钻作业时，其受到桩芯混凝土的反力作用，钻进前需进行固定。

（3）开孔时，采用钢管脚手架及木方固定水磨钻，在桩孔四周支设 4 根垂直向钢管与缺陷桩钢筋笼主筋绑扎固定，一组对边钢管中部加设 2 根水平向钢管连接木方。

（4）将水磨钻移至钻孔位置处，把钻机底座抵在孔口混凝土面上，另一端顶在支架木方上，通过钻机顶部的可调顶托将钻机上下顶紧固定。水磨钻固定就位见图 6.2-16。

3. 水磨钻环状咬合钻孔取芯

（1）水磨钻咬合钻进前，采用定位板对缺陷桩孔进行定位，定位板孔内布置见图 6.2-17。定位板为圆形木模板，厚度 10mm，直径 880mm（图 6.2-18），木模板中心点与缺陷桩定位中心点对中，将模板放置于缺陷桩上，水磨钻钻进时沿模板定位，可有效保证钻进圆度。

图 6.2-16　水磨钻施工布设固定支架

图 6.2-17　辅助定位圆形木模板

（2）水磨钻钻进施工可按顺时针或逆时针方向进行，水磨钻相邻钻孔咬合 20mm。

（3）水磨钻开钻前，先旋转调节杆给钻筒一定压力，随后打开电源，通水开始钻进；钻进过程中，通过手动调位器控制钻进深度和钻筒对岩面的压力，具体见图 6.2-19。

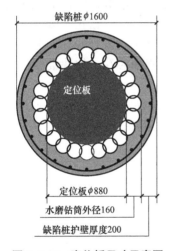

图 6.2-18　定位板尺寸示意图

图 6.2-19　水磨钻钻进

（4）钻进时，使钻筒向桩孔侧壁外倾 15°，这样才能保证水磨钻机在后续各层施工时同一方位的起钻点始终保持在同一竖直线上不致造成缩孔。

（5）水磨钻钻筒下放接触混凝土面，按压操作杆缓慢钻入，当钻筒顶部距离混凝土面约 1.5cm 时关闭电源，上摇操作杆使钻机升至顶部，锁牢刹车螺栓，插上固定插销；如混凝土芯从桩身本体中断脱，完整地卡在钻筒内，则取下钻筒，通过锤头敲击使混凝土芯缓慢从筒内掉落取出（图 6.2-20）；如混凝土芯底部未从桩身本体中脱离，则提起钻筒后，使用撬棍撬断混凝土芯并用铁夹夹出（图 6.2-21）；如混凝土芯在钻进过程中于钻孔内破碎，则直接使用铁夹夹出。

（6）从钻筒中取出混凝土芯后，移机至下一孔位继续上述钻进取芯操作；一圈咬合钻孔取芯完成后，桩身混凝土形成外周临空面，具体见图 6.2-22。

图 6.2-20 敲击钻筒取出钻芯

图 6.2-21 夹出混凝土钻芯

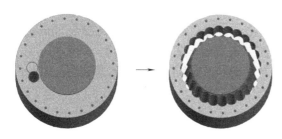

图 6.2-22 水磨钻沿定位板依序环状
咬合钻孔取芯示意图

4. 桩身中部混凝土凿除

（1）完成该层水磨钻环状钻孔取芯形成外周临空面后，准备破除桩身中部混凝土柱。

（2）使用风炮机在中部混凝土柱上随机钻取若干小孔，钻孔布设一般于混凝土柱四等分块位置处，并充分利用桩身留有的检测抽芯孔，加快混凝土柱分块破裂。

（3）风炮机完成钻孔后，在外环水磨钻孔内置入背锤与背棒（图 6.2-23），通过用锤击打背棒挤压中部混凝土柱，结合钩形长条钢筋从混凝土柱底部压撬使其松动，从而与桩身混凝土本体彻底断离并被分解成若干块。

（4）利用卷扬机和吊斗将分块混凝土逐块起吊出孔（图 6.2-24～图 6.2-26），则该层缺陷桩内部混凝土完成破除。

图 6.2-23 背锤及背棒置入水磨钻孔

图 6.2-24 卷扬机起吊破裂混凝土柱

（5）完成一层缺陷桩内部混凝土的全部凿除后，使用风炮机凿平混凝土作业面并清理孔内碎渣，以便下层水磨钻咬合钻进时定位板安放，具体见图 6.2-27。

图 6.2-25　混凝土柱上的抽芯孔

图 6.2-26　吊运出孔的分块混凝土柱

5. 逐层向下破除缺陷桩身内部混凝土体

（1）孔内采用水磨钻施工时，设备固定借助上层缺陷桩外环混凝土护壁进行钢管架设固定水磨钻，具体见图 6.2-28。

图 6.2-27　使用风炮机凿平混凝土面

图 6.2-28　孔内水磨钻架设固定

（2）循环上述水磨钻环状咬合钻孔取芯、桩身中部混凝土凿除等操作步骤，逐层向下开挖缺陷桩成孔，并将芯样起吊出孔，具体见图 6.2-29。

（3）向下成孔施工过程中，及时增设爬梯及通风管道，便于孔内作业施工人员上返地面，并保持桩孔内部空气流通，防止出现安全事故，具体见图 6.2-30。

图 6.2-29　孔内混凝土芯样起吊出孔

图 6.2-30　孔内开挖增设爬梯及通风管道

6. 缺陷部位清理

（1）分层开挖缺陷桩至缺陷位置并完成处理后，进行孔底沉渣和废料清理。

（2）缺陷桩终孔报业主、监理、设计等相关单位验收；验收合格后，再进行钢筋笼绑扎及混凝土灌注等后续施工。

7. 孔内人工绑扎钢筋笼

（1）在本项目中，"桩中桩"主筋由原桩的 26 ⏀ 20 改为 18 ⏀ 20，箍筋同原桩。

（2）提前采购配送钢筋进场，经检验合格报批后使用。现场切割弯曲加强筋，制成环状备用，并根据水磨钻 60mm 分层的高度及箍筋布设间距，计算出每一层环绕箍筋的圈数，对箍筋分捆切断绑扎，见图 6.2-31、图 6.2-32。

图 6.2-31　提前制备加强筋

图 6.2-32　分捆绑扎箍筋

（3）根据"桩中桩"的主筋定位情况，制作固定主筋所用的简易定位装置，使"桩中桩"主筋定位环可与 5 根钢筋相连居中搭设在缺陷桩护壁混凝土上，主筋固定具体见图 6.2-33。

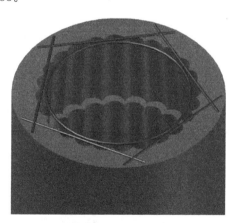

图 6.2-33　"桩中桩"主筋定位装置

（4）将分捆箍筋下入桩孔内，利用缺陷桩台阶式护壁搭设码齐，不致全部箍筋在重力作用下堆积于桩孔底部，并放入主筋，具体见图 6.2-34。

（5）人工入孔进行"桩中桩"钢筋笼绑扎作业，首先将主筋绕顶部的简易定位装置均布定位并牢固焊接，然后从孔底向上依次将分捆箍筋散开并与主筋绑扎连接，在施工至需要增设加强筋的部位，由地面上的作业人员向孔内传递加强筋环进行绑扎固定，再继续向上逐圈连接箍筋，直至完成"桩中桩"钢筋笼整体制作，具体见图 6.2-35。

图 6.2-34　缺陷桩孔内置入箍筋及主筋

图 6.2-35　"桩中桩"钢筋笼制作完成

（6）钢筋笼绑扎过程中，按设计要求同时预埋声测管，至养护龄期后对桩身混凝土进行质量检测。桩身声测管埋设见图 6.2-36。

8. 安放串筒灌注混凝土成桩

（1）"桩中桩"混凝土比原缺陷桩混凝土设计强度提高一个等级，在本项目中，缺陷桩混凝土强度等级为 C45，"桩中桩"改为 C50。由于场地受限，缺陷桩孔附近无法通行混凝土搅拌运输车，现场采用混凝土地泵连接地面输送泵管，将混凝土运送至桩孔位置处，见图 6.2-37。

（2）桩孔内采用串筒方式进行混凝土灌注，每节串筒长 100cm、直径 20cm，串筒顶部设有挂环、底部设有弯钩，作为灌注时接长串筒使用，具体见图 6.2-38；灌注混凝土过程中，串筒出料口距离混凝土面不超过 2.0m，具体见图 6.2-39。

图 6.2-36　桩身声测管埋设

图 6.2-37　混凝土地泵连接导管输送混凝土

图 6.2-38　混凝土灌注料斗和串筒

209

（3）完成灌注一料斗混凝土后，通过提升机连接下放振动棒对桩身混凝土分层全断面振捣密实。混凝土灌注至接近串筒时，拆除最底下一节串筒并吊运出孔，直至完成"桩中桩"混凝土灌注。具体见图6.2-40。

图6.2-39　"桩中桩"串筒灌入桩身混凝土

图6.2-40　采用振动棒分层振捣密实混凝土

6.2.7　材料与设备

1. 材料

本工艺所用材料主要为砖块、钢管、木方、木模板、背棒、铅锤锤头、吊斗、钢筋、混凝土、串筒等。

2. 设备

本工艺所涉及设备主要有水磨钻、孔口提升卷扬机等，具体见表6.2-1。

主要机械设备配置表　　　　　　　　　　　　　　　　表6.2-1

名称	型号	技术参数	备注
水磨钻	XF160	功率5.5kW，转速780r/min	钻孔取芯
孔口提升卷扬机	JJKD-2	功率15kW	起吊破除混凝土块
水泵	150QJ10-50/7	扬程40～55m，功率3kW	孔底抽水
风炮机	WJI-30S	冲击频率1300Hz	凿平混凝土面
插入式振动器	zn-70	3kW	灌注混凝土
全站仪	iM-52	测距精度1.5＋2ppm	桩位测放

6.2.8　质量控制

1. "桩中桩"混凝土凿除出孔

（1）严格按照设计布孔参数进行水磨钻施工，采用水磨钻施工前，复核缺陷桩中心点坐标位置。

（2）水磨钻施工时，将钻机固定牢靠，防止钻进过程中因松动发生钻孔偏位情况。

（3）水磨钻进前，严格贴合中部是位木模板进行钻芯孔定位，并控制好水磨钻钻进角度，保证"桩中桩"直径及桩身垂直度符合设计要求。

（4）使用风炮机在桩身中部混凝土中钻取若干小孔，其深度与单层水磨钻钻进深度一致，并沿十字线间隔均布，保证后续中部混凝土块破裂均匀，易于吊运出孔。

（5）每完成一个断面"桩中桩"混凝土凿除出孔，进行一次桩位复测；采用风炮机凿平混凝土面，为下一层"桩中桩"混凝土凿除提供平整作业面，保证施工质量。

（6）桩身缺陷部位完全清除，通过检查验收后进行孔内钢筋笼制作及"桩中桩"混凝土浇灌。

2. 孔内钢筋笼制作

（1）钢筋笼简易定位装置严格按照"桩中桩"钢筋笼直径制作，并牢固定位于桩孔中心位置处，以保证钢筋笼居中制作。

（2）主筋沿钢筋笼简易定位装置布设并牢固绑扎，以免后续进行箍筋、加强筋安装时导致主筋松动移位。

（3）箍筋分组绑扎后送入孔内，搭设于各层水磨钻成孔台阶上，防止箍筋送入孔内后散乱分布难以梳理，影响后续施工操作效率。

（4）需要点焊操作的部位，采用与钢材相匹配的电焊条，以满焊方式连接；焊接前清除焊缝两边 30～50mm 范围内的铁锈、油污等，焊缝表面不得有裂纹、焊瘤、烧穿、弧坑等缺陷。

（5）焊缝长度、高度、宽度按照相关规范要求施工。

3. 桩身混凝土浇筑

（1）采用串筒方式灌注"桩中桩"混凝土，相邻串筒间保证连接部位牢靠，以防混凝土浇灌过程中外漏出筒。

（2）灌注混凝土时，串筒底端距离混凝土面不超过 2.0m，防止混凝土自由倾落高度过大造成离析而影响桩身质量。

（3）"桩中桩"混凝土强度比原缺陷桩桩身混凝土强度提高一个等级，以保证桩身整体强度符合要求。

6.2.9 安全措施

1. "桩中桩"混凝土凿除

（1）沿缺陷桩孔口砌筑高于地面的临时防护结构，用于阻挡地上杂物、明水等进入桩孔。

（2）缺陷桩孔口处设置 1.2m 高安全护栏，护栏上留约 1m 宽活动作业口，便于孔内操作人员进出孔口，并架立警示标志，防止其他施工人员发生高坠事故。

（3）为孔内操作人员配置安全可靠的升降设备，并由培训合格的作业人员操作。

（4）运送施工人员上下孔时，使用专用乘人吊笼，严禁使用运泥（渣）吊桶和工人自行手扶、脚踩护壁凸缘上下孔。

（5）施工人员上下孔不得携带任何器具或材料，孔内设置应急软梯和安全软绳。

（6）桩孔内部所需器具、设备均通过提升设备递送，严禁向孔内抛掷。

（7）配备风量足够的鼓风机和长度能伸至孔底的风管，保持孔内通风；当缺陷桩处理深度超过 8m 时，风量不宜小于 25L/s，孔底水磨钻钻凿取芯时加大送风量。

（8）水磨钻操作工人在施工作业时，严格做到水、电分离，配备绝缘防护用品，如绝缘手套、胶鞋等。

（9）水磨钻安装牢固，更换钻头和钻芯位置时提前切断电源。

2. 吊运出渣

（1）使用升降桶时先挂好吊钩，使其处于桩孔中心位置处匀速升降。

（2）出渣吊运时，混凝土块不得装载过满。

（3）孔内作业人员提前出孔回到地面后再进行混凝土提升，不得在出渣时站立于出渣下方位置，以防吊桶超重，绳索拉断导致掉落伤人。

（4）现场卸料（主要指破裂的大块混凝土）前，检查卸料前方是否有人，以免发生人员砸伤事故。

（5）严禁将凿除出孔的圆柱混凝土芯、混凝土块等在缺陷桩孔边堆高，及时运离孔口；对于暂时无法清运的渣料，堆放在孔口四周 2m 范围外，且堆放高度不得超过 1m。

3. 孔内钢筋笼制作及桩身混凝土浇筑

（1）人工绑扎钢筋笼作业时，孔口设专人监护，确保孔内施工安全，并要求随时与作业人员保持联系，不得擅自离开工作岗位。

（2）孔内进行钢筋笼制作时，作业人员系安全带，保证孔内施工人员安全，以防发生高处坠落。

（3）雨天禁止进行孔内钢筋笼焊接及绑扎作业。

（4）向孔内或朝孔口递送串筒时，注意串筒松脱滑落砸伤孔内作业人员。

（5）混凝土灌注时，作业人员通过吊放振动棒入孔内进行混凝土振捣，使用振动棒时注意用电安全。

第7章 灌注桩检测新技术

7.1 灌注桩竖向抗拔静载试验反力钢盘快速连接技术

7.1.1 引言

随着近年来城市高层建筑向高、深发展，设计 1～3 层地下室非常普遍，为抵抗地下水浮力，地下室底板下通常采用抗拔桩设计。目前，在进行混凝土灌注桩竖向抗拔静载试验时，反力装置大多使用反力加筋钢墩焊接法，采用在抗拔试验桩两侧支墩上方架设一条反力主梁，梁顶中间放置千斤顶，千斤顶上再放置反力加筋圆钢墩；试验前，先截取数根与桩身主筋直径相同的延长钢筋，延长钢筋的一端分别与主梁投影外侧的桩顶钢筋采用焊接搭接，另一端再逐根依次焊接在千斤顶上方的圆钢墩侧面；试验结束后，再将延长钢筋两端分别从圆钢墩侧面和桩顶逐一烧割解除废弃；当进行下一根桩试验时，再重复上述步骤。传统抗拔静载试验装置示意图及实物见图 7.1-1、图 7.1-2。

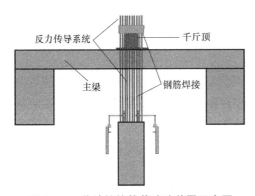

图 7.1-1 传统抗拔静载试验装置示意图　　　图 7.1-2 传统抗拔静载试验装置

该试验方法有三个明显的弊端，一是受桩顶上方反力主梁阻碍，主梁下端有 4～8 根桩顶预留钢筋不能延长焊接至千斤顶上方的圆钢墩侧面上，无法承担试验抗拔力，尤其是在设计配筋储备有限的情况下，无法满足检测规范要求最大加载至 2 倍抗拔力设计特征值的要求；二是该方法需现场焊接作业，耗费人力物力，既浪费时间、材料，又常常在试验加载过程中因焊接质量问题个别钢筋开焊，导致试验失败，须补焊后再重新开始试验；三是试验结束切割钢筋后焊渣清除困难，安装、拆卸时间长，检测效率低，影响试验进度。

为了提高灌注桩抗拔静载试验检测效率，克服传统抗拔桩试验存在的弊端，项目部与深圳市盐田区工程质量安全监督中心王光辉创新工作室合作研究，采用一种新型的反力传导钢盘，将灌注桩钢筋笼的预留钢筋通过锚具固定在若干钢隔板上，钢隔板平行吊装穿过灌注桩顶各预留钢筋间隙，置于反力钢盘上；采用锚具将桩顶预留钢筋逐一锁紧在相邻的钢隔板顶面，将主力钢筋下端穿过反力钢盘圆孔，旋入钢盘底端螺母固定，主力钢筋上端穿入千斤顶上部的反力钢盘圆孔，用螺母固定，形成一种新型反力传导系统进行灌注桩抗拔试验，现场安装拆卸快捷、安全可靠、循环使用、绿色环保、经济高效，形成了检测连接新技术。

7.1.2　工艺特点

1. 检测工效高

本工艺采用新型的反力传导钢盘，在反力钢隔板顶面通过锚具锁定连接灌注桩各预留钢筋，采用螺母固定主力钢筋两端，现场无需焊接作业，大大缩短了现场试验准备时间，提高了检测效率，缩短了现场检测时间。

2. 检测效果好

本工艺在加载系统顶部采用主力钢筋穿过千斤顶上方的反力承压钢板，并用螺母连接，主力钢筋下端通过螺母与反力钢盘底面相连，反力钢隔板通过锚具与灌注桩的预留钢筋相连接，反力钢隔板置于反力钢盘顶面，反力钢盘放置时调至水平，确保试验过程中受力均匀，锚具锁定及螺母固定连接安全可靠，可避免传统方法因焊接质量问题而产生的脱焊现象。

3. 装卸快捷

本工艺所采用的反力钢盘体积小、质量轻，吊装轻便，反力钢隔板分散式设计，两端设置把手，可人工抬放安装，通过锚具与预留钢筋连接；主力钢筋采用螺母连接固定，可实现快速安装。

4. 综合成本低

本工艺采用现场组装及拆卸设计，反力传导钢盘、反力钢隔板及主力拉拔钢筋可重复使用，桩顶预留钢筋也无需焊接延长钢筋，减少了材料浪费，装拆简便，节省了安装材料和人力成本，大大提升了检测工效，总体降低了检测成本。

7.1.3　适用范围

适用于桩径不超过 1500mm 的灌注桩抗拔静载荷试验；适用于试验荷载不超过 6000kN 的抗拔静载试验（配置主力抗拔精轧螺纹钢钢筋直径 40mm），当试验荷载超出 6000kN 时，可通过增大主力钢筋的型号以满足抗拔力要求。

7.1.4　工艺原理

1. 钢盘反力传导系统结构

本工艺采用的新型灌注桩抗拔现场试验装置，主要由加载系统、反力支座系统、反力传导系统组成。本工艺中的加载系统、反力支座系统沿用通常的操作方法，主要针对传统抗拔桩静载荷试验的反力传导系统进行改进创新。

本工艺中的反力传导系统主要由下部反力钢盘、反力钢隔板、上部承压钢板、锚具、主力钢筋构成，具体见图 7.1-3、图 7.1-4。

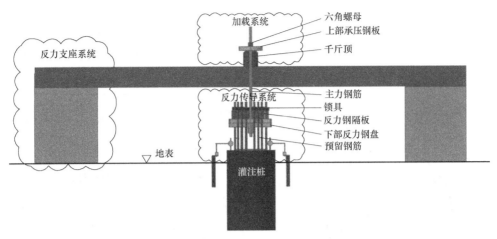

图 7.1-3　反力钢盘传导系统构成示意图

（1）下部反力钢盘

1）本工艺下部使用反力钢盘作为抗拔力传导的连接纽，其为主要的受力结构装置，材料选用合金钢，形状为圆盘形，圆盘下部焊接两条长条形钢板，反力盘直径 570mm、厚度 60mm，具体见图 7.1-5。

2）反力钢盘距中心 200mm 对称开孔 $\phi50$，用于旋入并固定直径 40mm 的主力钢筋；旁边开宽度 50mm 的弧

图 7.1-4　反力传导系统局部图

形槽，用于增加主力钢筋。弧形槽两端与圆孔连线夹角分别为 25°和 50°。反力装置开孔部位及尺寸见图 7.1-6。

图 7.1-5　灌注桩静载抗拔试验反力钢盘

3）反力钢盘下方焊接高 100mm、宽 60mm、长 1100mm 的钢板，反力钢盘结构及底部螺母连接见图 7.1-7、图 7.1-8，反力钢盘底部焊接钢板设置见图 7.1-9。

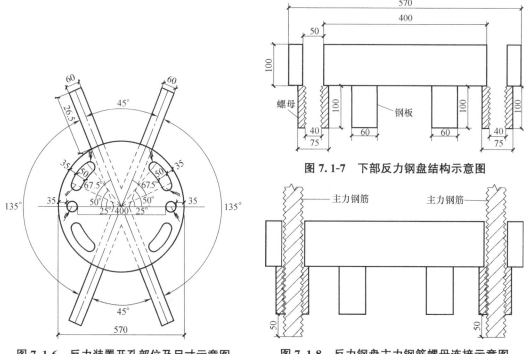

图 7.1-6　反力装置开孔部位及尺寸示意图

图 7.1-7　下部反力钢盘结构示意图

图 7.1-8　反力钢盘主力钢筋螺母连接示意图

（2）反力钢隔板

1）反力钢隔板主要用于连接灌注桩钢筋笼预留钢筋，单片尺寸长 1500mm、宽 50mm、高 100mm。

2）反力钢隔板两端焊接 U 形钢筋，便于人工搬运，具体见图 7.1-10；反力钢隔板放置于下部反力钢盘上，用锚具连接预留钢筋。

图 7.1-9　反力钢盘底部焊接钢板设置

图 7.1-10　反力钢隔板

（3）锚具

1）根据灌注桩桩头预留钢筋的直径选择适用的单孔锚具。

2）锚具为专用产品，为圆形夹片式锚具，由锚套及 3 片工作夹片组成，单孔锚具及工作夹片见图 7.1-11、图 7.1-12。

图 7.1-11 单孔锚具

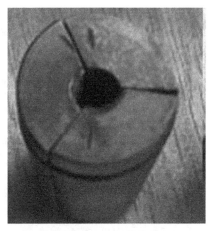

图 7.1-12 工作夹片

3）锚具的锚套为锥形孔，锚固原理是先将钢筋穿入锚套的锥形孔内，然后将 3 片内有凹纹的楔形夹片置于锚套和钢筋间隙并用锤敲紧，承受拉力后钢筋与锚具呈自锁状态，越拉越紧。具体见图 7.1-13、图 7.1-14。

图 7.1-13 锚套安装

图 7.1-14 夹片安装锁定

（4）上部承压钢板

1）上部承压钢板放置于千斤顶上部，承受反力的作用，主力钢筋使用螺母与上下两块钢隔板连接。

2）反力钢盘直径 570mm、厚度 60mm，距中心 200mm 对称开孔 $\phi50$，用于旋入并固定直径 40mm 的主力钢筋；旁边开宽度 50mm 的弧形槽，弧形槽两端与圆孔连线夹角分别为 25°和 50°，具体见图 7.1-15。反力钢盘底部中心做圆形标记，用于放置时对齐千斤顶中心，具体见图 7.1-16。

（5）主力钢筋

1）主力钢筋主要作用是将下部反力钢盘与上部承压钢板相连接，将千斤顶的顶升荷载传递到上部承压钢板，经由主力钢筋传给下部反力钢盘再由下部钢盘传递到放置其上的钢隔板。

图 7.1-15　上部反力钢盘

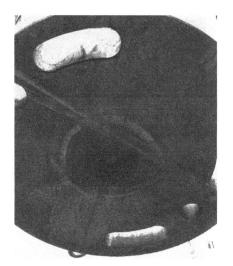

图 7.1-16　反力钢盘底部标记

2）主力钢筋直径选择主要考虑抗拔荷载的大小，本工艺目前采用两根 $\phi40$ 的 1080MPa 精轧螺纹钢，单根抗拉强度为 1450kN，适用于 2500kN 的抗拔静载试验。如试桩需要更大吨位，可增加主力钢筋数量。

3）主力钢筋分为上下两段，下段两根主力钢筋底端旋入反力钢盘预留孔下的螺母，具体见图 7.1-17。上下两段主力钢筋中间用连接套筒相连，具体见图 7.1-18。

图 7.1-17　下段主力钢筋固定钢片

图 7.1-18　主力钢筋连接套筒

4）主力钢筋的顶端穿入千斤顶上部承压钢板预留孔，用六角螺母或套筒连接固定，连接套筒长 200mm，具体见图 7.1-19。

5）主力钢筋的下部旋入反力钢盘对称孔底部的螺母中，靠螺纹提供反力支持。具体见图 7.1-20。

图 7.1-19 主力钢筋顶端旋入套筒固定

图 7.1-20 主力钢筋旋入
下部反力钢盘

2. 反力传导系统原理

本工艺采用反力钢盘作为反力传导连接系统的主要装置。将灌注桩桩顶的预留钢筋，通过放置在反力钢盘上的钢隔板采用锚具固定的方法连接；反力传导系统上部采用钢筋连接套筒及 $\phi40$ 主力钢筋与架设在主梁上的千斤顶上部的承压钢板进行锁定，形成一种新型抗拔桩试验施压传力系统；在启动油泵后，千斤顶顶升荷载通过上方的承压钢板使主力钢筋承受上拔力，主力钢筋通过反力钢盘将上拔力传递给其上的钢隔板，钢隔板通过锁具将上拔力传递给桩顶预留钢筋，预留钢筋带动灌注桩身承受向上的拉拔荷载；此时，利用架设在桩顶的位移传感器记录桩顶上拔位移，从而对灌注桩抗拔力进行检测。

本工艺灌注桩抗拔反力钢盘传导系统试验原理及试验现场，具体见图 7.1-21、图 7.1-22。

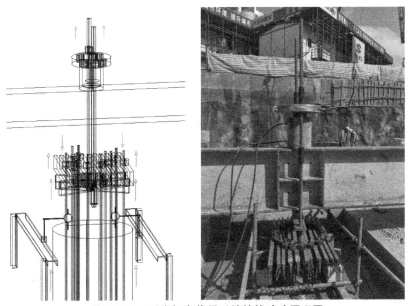

图 7.1-21 反力钢盘传导系统抗拔试验原理图

图 7.1-22　灌注桩反力钢盘传力抗拔静载试验现场

7.1.5　施工工艺流程

灌注桩反力钢盘传力静载抗拔试验工艺流程见图 7.1-23。

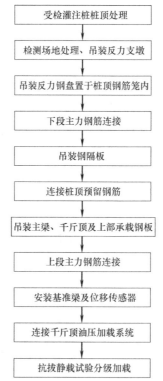

受检灌注桩桩顶处理

↓

检测场地处理、吊装反力支墩

↓

吊装反力钢盘置于桩顶钢筋笼内

↓

下段主力钢筋连接

↓

吊装钢隔板

↓

连接桩顶预留钢筋

↓

吊装主梁、千斤顶及上部承载钢板

↓

上段主力钢筋连接

↓

安装基准梁及位移传感器

↓

连接千斤顶油压加载系统

↓

抗拔静载试验分级加载

图 7.1-23　灌注桩反力钢盘传力静载抗拔试验工艺流程图

7.1.6　工序操作要点

1. 受检灌注桩桩顶处理

（1）灌注桩桩头凿至设计桩顶标高并磨平，保证位移传感器不发生偏移。

（2）将钢板以平行于反力钢盘圆孔连线的方向放置在下部反力钢盘上，每两片钢板夹住两根钢筋。

（3）检测前对受检灌注桩的钢筋笼预留钢筋进行钢筋矫正，确保钢筋竖直，具体见图7.1-24。

2. 检测场地处理、吊装反力支墩

（1）对受检灌注桩周边8m×8m范围内进行场地平整。

（2）试验场地进行硬地化或铺设砖渣，以确保反力支墩放置平稳。

（3）在反力支墩位置下铺设钢板，以增大地表受力面积。具体见图7.1-25。

图7.1-24　灌注桩桩顶处理

图7.1-25　试验支墩位置铺设钢板

3. 吊装反力钢盘置于桩顶钢筋笼内

（1）起吊反力钢盘，反力钢盘正面朝上吊放；底部放置垫块，并采用水平尺找平，保证反力钢盘放置水平。

（2）反力钢盘接近桩顶预留钢筋时，人工旋转角度使反力钢盘下部的钢板间保留3根钢筋，现场安装下部反力钢盘见图7.1-26。

4. 下段主力钢筋连接

（1）先清理主力钢筋上的杂质，确保插入时顺畅。

（2）将主力钢筋底端人工插入反力钢盘预留孔，与盘底螺母螺纹固定。

（3）主力钢筋底端安装最少露出反力钢盘底部螺母50mm，具体见图7.1-27。

图7.1-26　安装下部反力钢盘

图7.1-27　主力钢筋连接反力钢盘

5. 吊装钢隔板

（1）两根主力钢筋旋入螺母，使螺母在同一水平位置。

（2）从上部穿入一块距中心 400mm 对称开孔 $\phi 50$ 的长方形钢片，使主力钢筋位置固定，具体见图 7.1-28。

6. 连接桩顶预留钢筋

（1）将反力钢隔板人工抬起放置于下部反力钢盘上，放置方向与两根主筋连线平行。具体见图 7.1-29。

图 7.1-28　主力钢筋穿入固定钢片　　　　图 7.1-29　安装钢隔板

（2）灌注桩预留钢筋通过锚具锁紧在两条钢隔板顶面，夹片缠一层电工胶布，用锤敲实卡紧，方便试验结束后拆卸，具体见图 7.1-30、图 7.1-31。

图 7.1-30　安装锚具夹片并锁紧钢筋　　　图 7.1-31　钢隔板锚具固定桩预留钢筋

7. 吊装主梁、千斤顶及上部承压钢板

（1）在两根主力钢筋中间安放主梁，主梁的端部超过支墩宽度的一半以上，保证主梁稳固。

（2）保证主梁中心与受检桩几何中心重合，避免受力不均匀。

（3）主梁安放时保证水平，防止偏压失稳。主梁现场吊装见图 7.1-32。

图 7.1-32　主梁现场吊装

（4）将千斤顶放置在主梁中部顶面上，千斤顶最大荷载不小于最大试验荷载的 1.2 倍且不大于 2.5 倍，千斤顶安装见图 7.1-33。

（5）将上部承压钢板正面朝上吊装到千斤顶上，承压钢板底部同心圆标记与千斤顶重合，具体见图 7.1-34。

图 7.1-33　千斤顶安装

图 7.1-34　安装上部反力钢盘

8. 上段主力钢筋连接

（1）先清理主力钢筋上的杂质，确保插入时顺畅。

（2）将上段主力钢筋的底端人工插入反力钢盘开口，与主力钢筋下段使用连接套筒连接，具体见图 7.1-35。

（3）将钢筋连接套筒或六角螺母人工顺时针旋入上段主力钢筋顶端，并拧紧在承压钢板顶面，具体见图 7.1-36。

223

图 7.1-35　连接主力钢筋

图 7.1-36　主力钢筋上端固定

9. 安装基准梁及位移传感器

（1）垂直于主梁方向对称设置 2 根稳固基准桩，将基准梁一端固定一端简支于基准桩上。

（2）在桩顶对称安放 4 个位移传感器，传感器通过磁座固定在基准梁上。具体见图7.1-37。

10. 连接千斤顶油压加载系统

（1）油管连接千斤顶和油泵时，注意进油口和回油口的正确连接。

（2）油泵连接电箱时，注意检查电机旋转方向为顺时针，若发现旋转方向错误，则替换火线位置，现场油泵、油管安装见图 7.1-38。

图 7.1-37　测试位移传感器安装

图 7.1-38　油泵、油管安装

11. 抗拔静载试验分级加载

（1）施加荷载时，按试验相关规范要求采用逐级加载；分级荷载为最大加载量的 1/

10，第一级可以取分级荷载的 2 倍。

（2）加载或卸载时，使荷载传递均匀、连续、无冲击，每级荷载在维持过程中的变化幅度不超过分级荷载的 10%。

（3）每级荷载施加后按第 0min、5min、15min、30min、45min、60min 测读桩顶沉降量，以后每隔 30min 测读一次；卸载时，每级荷载维持 1h，按第 15min、30min、60min 测读桩顶沉降量后，即可卸下一级荷载；卸载至零后，测读桩顶残余沉降量，维持时间为 3h，测读时间为 15min、30min，以后每隔 30min 测读一次。

图 7.1-39　分级加载抗拔试验

（4）试验过程中，无关人员严禁进入试验区，现场分级加载抗拔试验具体见图 7.1-39。

7.1.7　材料与设备

1. 材料

本工艺所使用材料主要为精轧螺纹钢、混凝土试块、碎石、锚具及铺垫钢板等。

2. 设备

本工艺主要机具配置见表 7.1-1。

主要机具配置表　　　　　　　　　　　表 7.1-1

名称	型号尺寸	生产厂家	数量	备注
反力钢盘	直径 600	自制	1 个	厚度 60mm
承压钢板	直径 600	自制	1 个	
千斤顶	QF320T-20b	上海	1 个	最大加压荷载 3200kN
油泵	BZ70-1	上海	1 台	
主梁	长 6m	—	1 根	
支墩	0.5m×1m×2m	—	2 块	混凝土浇筑
静载荷测试仪	RS-JYE	武汉岩海	1 台	含压力传感器及位移传感器
吊车	30t	上海	1 台	现场吊装

7.1.8　质量控制

1. 反力支座系统安装

（1）试验场地平整压实后进行硬地化，当土质较软需进行换填处理，并浇筑钢筋混凝土底板，以确保反力支墩放置平稳。

（2）反力钢盘系统安装前，由技术负责人对现场操作人员进行质量技术交底。

（3）主梁吊装时保证安放水平，梁体刚度满足最大承载力，要求受力均匀，防止失稳。

（4）吊装作业时，派专人在现场进行监督、指挥，采用卷尺、吊坠等工具保证位置准确。

2. 反力传导系统安装

（1）反力钢盘安放时保证水平，确保其受力均匀。

（2）使用前，检查反力钢盘底部钢筋连接套筒，如发现丝口磨损严重或其他损坏，则及时更换套筒。

（3）主力钢筋端部不得有局部弯曲，不得有严重锈蚀和附着物。

（4）使用锚具锁紧预留钢筋后，检查夹片是否发生移动，确保锚具锁定牢固。

3. 抗拔试验

（1）千斤顶、静载荷测试仪和位移传感器等均定期送检标定。

（2）安装位移传感器时，磁座夹紧传感器杆部并保证位移顺畅。

（3）进行抗拔试验时，严格按照检测规程、检测方法进行。

（4）试验过程进行中，禁止无关人员靠近，避免触碰基准梁或位移传感器等，以免影响检测结果。

7.1.9　安全措施

1. 反力支座系统安装

（1）吊装作业前，预先在吊装现场设置安全警戒标志并设专人监护，非作业人员禁止入内。

（2）吊装作业前，对各种起重吊装机械的运行部位、安全装置以及吊具、锁具进行详细的安全检查，吊装设备的安全装置灵敏、可靠；吊装前进行试吊，确认无误后方可作业。

（3）吊装作业时，按规定负荷进行吊装，吊具、锁具经计算选择使用，严禁超负荷运行；所吊重物接近或达到额定起重吊装能力时，检查制动器，用低高度、短行程试吊后，再平稳吊起。

（4）现场安装反力支座时，派专人旁站指挥。

2. 反力传导系统安装

（1）安装主力钢筋时，下方严禁站人和通行。

（2）反力钢盘与灌注桩预留钢筋锚固夹片敲紧锁定，锁具顶面用板遮挡，以防试验过程中夹片飞出。

（3）在主梁上安装油压千斤顶和主力钢筋就位时，操作人员做好防坠落措施。

3. 抗拔试验

（1）试验过程注意用电安全，遇大风、暴雨天气时停止现场检测工作。

（2）试验过程中，操作油泵时做好现场用电安全防护措施，防止大风、暴雨产生漏电对人身安全造成伤害；雨后恢复试验前，进行一次全面的线路和用电设备检查，发现问题及时处理。

（3）抗拔过程中，定期检查钢隔板与桩顶连接钢筋的锚固是否有松动情况。

（4）抗拔过程中，监控主梁是否出现位移。

（5）现场设置安全警戒标志并设专人监护，非作业人员禁止入内。

7.2 基坑逆作法灌注桩声测管多边形钢笼架提升安装技术

7.2.1 前言

深大基坑采用逆作法施工时，桩基在楼板开挖前先在地面进行检测。当采用超声波法检测时，则声测管需灌注桩钢筋笼笼底接长安装至地面，对空桩段的声测管安装定位提出较高的技术要求。传统做法中，往往通过减少桩身钢筋笼主筋数量，以简易副笼的方式进行钢筋笼空桩段接长，将接长声测管绑扎在副笼主筋上，吊放副笼至对接位置完成声测管定位至指定标高位置处。当灌注桩数量较大时，该方法在实际施工应用中需耗费较多钢筋，副笼制作也需要额外花费更多的人工和时间，浪费较大。由此，项目课题组研究发明了一种用于深长空孔段安装定位声测管的"田"字形钢笼架（图7.2-1），采用吊车起吊笼架，笼架再同时吊起4根按空孔段长度计算的一根主筋和绑扎在主筋上的声测管，吊至孔口位置与桩身钢筋笼上相应的主筋、声测管连接，即可快速实现声测管通长布置埋设，并有效保证了钢筋笼下放安装的垂直度要求，减少钢筋使用量，降低施工成本，提高声测管接长安装效率，取得了显著效果。"基坑逆作法灌注桩深空孔多根声测管笼架吊装定位施工技术"经广东省建筑业协会组织的项目科技成果鉴定会，鉴定该成果达到国内先进水平，同时该项目获评为广东省建筑业协会科学技术进步奖三等奖。

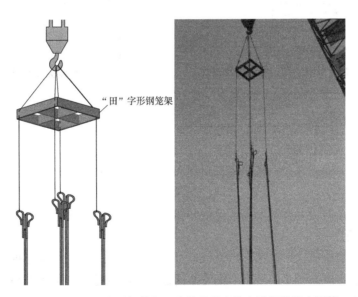

图7.2-1 "田"字形钢笼架一次性吊装定位空桩段接长声测管

2020年8月，我司承接深圳市罗湖区翠竹街道木头龙小区更新单元项目桩基工程与支护桩工程（以下简称"木头龙项目"），项目整体施工区域分为顺作区和逆作区，逆作区桩基采用"底部灌注桩插钢管结构柱"的形式，共632根，桩径分为ϕ1400、ϕ1600、ϕ1800、ϕ2000、ϕ2200、ϕ2400、ϕ2600、ϕ2800共8种类型，桩顶标高距地面19.75～26.60m。根据设计要求，桩基施工完成后进行桩基检测，检测合格后进行基础工程逆作法施工。因此，本项目同样需在地面对桩基进行超声波检测。木头龙项目灌注桩设计桩身埋设声测管数量根据桩径 D 的不同分为 3 根和 4 根，当 1400mm≤D≤2000mm 时安装 3 根声测管，当 D>2000mm 时安装 4 根声测管，声测管沿钢筋笼内圆周对称布置。

考虑到本项目桩径 1400～2800mm 不等，之前使用的"田"字形钢笼架仅能满足于 4 根声测管同时起吊，难以用于 3 根声测管同时起吊的情况。为此，项目组发明制作出可同时满足 3 根及 4 根声测管起吊需求的多边形笼架（具体见图 7.2-2、图 7.2-3），扩大了现有"田"字形钢笼架的适用情况及范围，达到了提高安装工效、节省制作成本的效果。

图 7.2-2　多边形钢笼架吊装 3 根声测管　　　图 7.2-3　多边形钢笼架吊装 4 根声测管

7.2.2　工艺特点

1. 笼架设计及制作简单

多边形笼架用钢板焊接，整体由三角形和方形构成，设计结构规整、制作简单。

2. 安装便捷

多边形笼架在钢板上设置吊眼，连接卸扣及钢丝绳通过吊车直接使用，操作便捷。

3. 适用范围广

多边形钢笼架相比"田"字形钢笼架，可同时适用于不同桩径灌注桩布设 3 根和 4 根声测管起吊需求，扩大了"田"字形钢笼架的适用情况及范围，大大提高施工工效。

4. 经济效益高

采用多边形钢笼架避免了制作多种起吊钢笼架所导致的人力投入、材料耗费，节省了施工成本，有效提高了经济效益。

7.2.3　适用范围

适用于空桩部分距地面 15m 及以上、1000mm≤D≤2800mm 的灌注桩声测管接长安装定位；适用于 3 根或 4 根声测管同步接长安装定位。

7.2.4 笼架吊装系统结构

本工艺笼架吊装系统包括多边形提升安装笼架、钢丝绳吊装系统和接长声测管三部分。

1. 多边形提升安装笼架

（1）钢笼架尺寸分析

1）由于木头龙项目桩基础最大直径为 $\phi 2800$mm，借鉴"田"字形笼架边长的确定原理，由勾股定理（$a^2+a^2=D^2$，即桩径的平方为 2 倍笼架边长的平方）计算得出，方形笼架边长 a 取 2000mm，计算示意见图 7.2-4（a）。

2）本项目桩基础设计埋设声测管数量分为 3 根、4 根两种情况，设想在正方形笼架的内部加设一个三角形，使之能同时满足 3 根及 4 根声测管同时起吊的需求，扩大适用性。

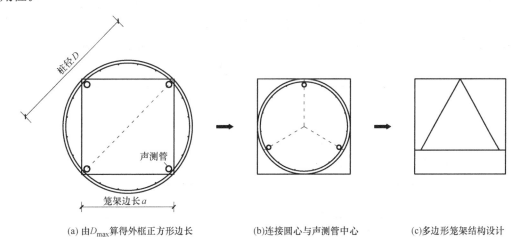

(a) 由 D_{max} 算得外框正方形边长   (b) 连接圆心与声测管中心   (c) 多边形笼架结构设计

图 7.2-4 多边形笼架尺寸分析示意图

3）由于声测管沿钢筋笼内圆周对称布置，当 1400mm$\leqslant D\leqslant 2000$mm 时，3 根声测管定位点相连形成等边三角形；由此，取临界点 $\phi 2000$mm 灌注桩，正中置于边长 2000mm 的方形笼架内部，连接圆心与 3 个声测管中心并延长至桩周，示意见图 7.2-4（b）。

4）将 3 个 $\phi 2000$mm 桩周上的交点相连，形成一个等边三角形，其上平行于方形笼架的边长延伸至与方形笼架抵接，则形成多边形笼架结构，示意见图 7.2-4（c）。

5）根据上述尺寸分析，多边形钢笼架由厚度 30mm、高度 200mm 的 Q235 钢板为主要材料制成，具体尺寸见图 7.2-5，三维模型及实物见图 7.2-6。

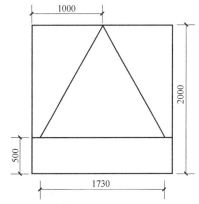

图 7.2-5 多边形钢笼架尺寸图

（2）适用情况分析

1）在木头龙项目中，当 1400mm$\leqslant D\leqslant 2000$mm 时，桩周在多边形钢笼架上的交点

图 7.2-6　多边形钢笼架三维模型图、实物图

相连均为等边三角形，该三角形的 3 个顶点即为声测管分布位置，则该多边形钢笼架可适用于 1400mm≤D≤2000mm 的灌注桩 3 根声测管一次性起吊的情况，见图 7.2-7。

2）由尺寸分析可知，该多边形钢笼架最小适用桩径 1000mm 的情况，此时 3 根声测管定位点恰好位于中部三角形的中点位置处，见图 7.2-8；当 D<1000mm 时，桩周与多边形钢笼架内部三角形无交点，无法使 3 根声测管定位点位于三角形上，即一次性起吊接长声测管时存在与主筋上绑扎的声测管无法准确对接的情况。

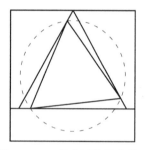
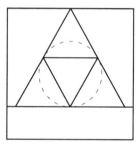

图 7.2-7　3 根声测管吊点处于　　　　图 7.2-8　吊点位于钢笼架
　　　钢笼架内部三角形上　　　　　　　　内部三角形中点

3）当 D>2000mm 时，桩周在多边形钢笼架上的交点相连均为正方形，该正方形的 4 个顶点即为声测管分布位置，则该多边形钢笼架可适用于 2000mm<D≤2800mm 的 4 根声测管一次性起吊的情况，见图 7.2-9；由尺寸分析可知，当 D>2800mm 时，桩周与多边形钢笼架外部正方形无交点，无法使 4 根声测管定位点位于正方形上，即一次性起吊接长声测管时存在与主筋上绑扎的声测管无法准确对接的情况。

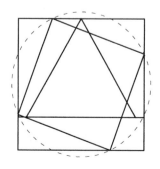
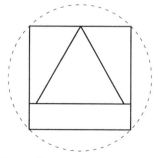

图 7.2-9　4 根声测管吊点位于钢笼架外部正方形上

2. 钢丝绳吊装系统

(1) 吊眼设置

根据不同直径灌注桩的声测管分布情况在钢笼架上钻取上、下 2 层钢丝绳吊眼，孔径 $\phi 30$；以 $\phi 1800$ 灌注桩为例，吊眼设于笼架内部三角形边上，距离三角形顶点 205mm 位置处，具体见图 7.2-10；又如 $\phi 2600$ 灌注桩，其吊眼设于笼架外部正方形边上，距离正方形各顶点 195mm，具体见图 7.2-11；其余桩型的吊眼，根据声测管分布位置与笼架边一一对应。

图 7.2-10　钻取 $\phi 1800$ 桩钢丝绳吊眼

图 7.2-11　加设 $\phi 2600$ 桩钢丝绳吊眼

(2) 起吊钢丝绳

在绑扎声测管主筋对应位置的笼架边上钻取钢丝绳吊眼，使得采用多边形钢笼架同时起吊多根声测管时，笼架整体保持平衡。钢笼架上层吊眼安挂起吊笼架钢丝绳，下层吊眼安挂连接接长声测管钢丝绳，钢丝绳吊眼开孔位置布设见图 7.2-12。钢笼架上、下层的吊眼各穿入 1 根钢丝绳，上层钢丝绳直径不小于 $\phi 28$，下层钢丝绳直径不小于 $\phi 24$，具体见图 7.2-13；卸扣型号根据钢筋笼重量进行适配，具体见图 7.2-14。

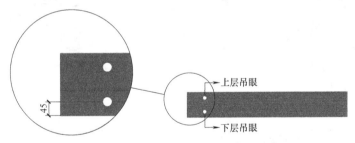

图 7.2-12　钢丝绳吊眼开孔位置布设示意图

3. 接长声测管结构

(1) 接长主筋

1) 准备与钢筋笼主筋直径相同的钢筋，长度取"地面标高－桩顶标高＋搭接长度"。

2) 每根接长主筋的起吊端焊接固定两个吊耳，一个吊耳用于起吊，另一个吊耳用于在护筒口固定。吊耳设置具体见图 7.2-15。

(2) 接长声测管

1) 接长声测管长度取"地面标高－桩顶标高"。

2) 接长声测管按计算长度配置，由若干短节管采用套焊方式焊接成整根设置，套筒长度不小于 5cm，具体见图 7.2-16。

(3) "接长主筋＋接长声测管"绑扎组合

1) 接长主筋分别与接长声测管一一对应形成绑扎组合，声测管全长用钢丝间隔绑扎

图 7.2-13 多边形笼架钢丝绳吊装系统

图 7.2-14 多边形笼架钢丝绳卸扣

图 7.2-15 接长主筋起吊端
焊接固定吊耳

图 7.2-16 接长声测管套焊连接

固定于接长主筋上，钢丝绑扎不宜太紧，以免后续声测管对接时不便进行方向调整。"接长主筋＋接长声测管"绑扎组合结构具体见图 7.2-17。

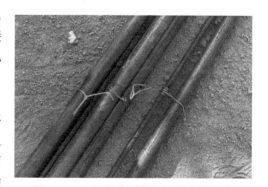

图 7.2-17 接长声测管与接长主筋绑扎

2）为了将声测管更好地固定在钢筋上，在接长主筋底部焊接一个临时固定弯钩，将接长声测管底端插入该弯钩，则起吊时接长声测管可以"稳坐"于弯钩上。临时固定弯钩设置具体见图 7.2-18，设置临时固定弯钩实物见图 7.2-19。

7.2.5 深空孔声测管多边形钢笼架吊装定位原理

1. 钢笼架一次性提升吊装原理

（1）采用多边形提升安装笼架，设置起吊钢丝绳，一次性完成空桩段接长声测管的起吊安装。

（2）起吊安装过程中，采用钢丝将接长声测管和接长主筋临时绑扎，并在接长主筋底部采用临时弯钩将接长声测管固定。

多边形钢笼架一次性提升吊装"接长主筋＋接长声测管"绑扎组合原理，见图 7.2-20。

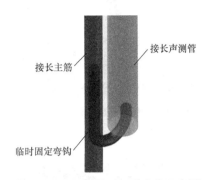

图 7.2-18 设置临时固定弯钩示意图

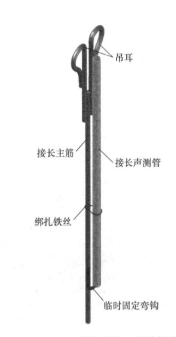

图 7.2-19 设置临时固定弯钩实物图

图 7.2-20 多边形钢笼架一次性提升吊装 "接长主筋＋接长声测管"绑扎组合原理图

2. 声测管孔口对接安装原理

由于接长声测管底部设置弯钩固定于接长主筋底部，同时全长间隔绑扎钢丝与接长主筋临时连接，声测管相对钢筋处于固定位置无法调节；为此，利用定滑轮原理，引入上、下 2 个存在一定高差的转换弯钩，接长主筋上的弯钩标高相对在上、弯钩方向朝上，接长声测管上的弯钩相对标高在下、弯钩方向朝下，并将一条折叠绳带穿挂于声测管弯钩上，利用接长主筋上的弯钩向下拉绳，对声测管施加一个上提力；然后，将临时固定弯钩割除，再通过松拉绳带将松散绑扎于接长主筋上的接长声测管导引至钢筋笼上的声测管处对接。声测管孔口对接绳带定滑轮安装定位原理见图 7.2-21。

3. 声测管套筒连接

（1）为了便捷、高效地完成声测管接长施工，采用声测管套筒连接工艺，即接长声测管导引插入钢筋笼声测管的连接套筒孔内。

（2）完成对接后，采用二氧化碳气体保护焊进行焊接相连，最后以吊车通过接长主筋实现钢筋笼和声测管一次性吊装至孔底。具体见图 7.2-22、图 7.2-23。

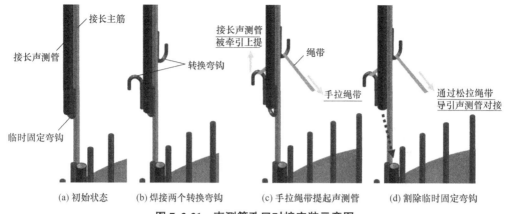

图 7.2-21　声测管孔口对接安装示意图

(a) 初始状态　　(b) 焊接两个转换弯钩　　(c) 手拉绳带提起声测管　　(d) 割除临时固定弯钩

图 7.2-22　钢筋笼声测管顶端连接套筒

图 7.2-23　声测管焊接对接

7.2.6　施工工艺流程

基坑逆作法灌注桩声测管多边形钢笼架提升安装施工工艺流程见图 7.2-24。

7.2.7　工序操作要点

以木头龙项目为例说明。

1. 旋挖钻进至设计桩底标高

（1）土层段采用旋挖钻斗钻进，岩层段更换为截齿筒钻，直至钻进成孔至设计入岩深度；同时，捞渣作业进行多次循环施工，确保钻进效率。

（2）钻进成孔过程中，采用优质泥浆护壁，始终保持孔壁稳定。

（3）终孔后，采用旋挖捞渣钻斗进行桩底清孔操作；如发现钻头内钻渣较多，则多次重复捞渣清孔，直至将孔底钻渣清理干净。旋挖钻进成孔见图 7.2-25。

2. 桩身钢筋笼制作与孔口吊装（声测管安装）

（1）根据桩长加工制作钢筋笼，并按照设计要求进行声测管安装。

（2）安装声测管前，确认声测管承插口端密封圈完好无损，插入端内外无毛刺，以免安装插管时割伤密封圈，影响管体密闭性。

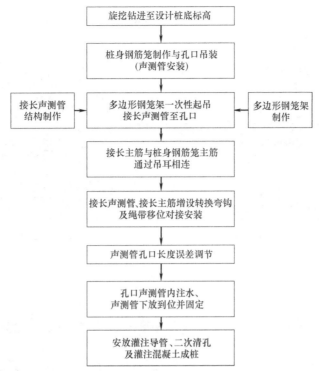

图 7.2-24 基坑逆作法灌注桩声测管多边形钢笼架提升安装施工工艺流程图

（3）声测管绑扎固定于钢筋笼主筋内侧（图 7.2-26、图 7.2-27），固定点间距一般不超过 2m。其中，声测管底端和接头部位设置固定点，见图 7.2-28。

（4）声测管底部密封防止漏浆（图 7.2-28），完成全长绑扎后封闭上口，以免落入杂物，致使孔道堵塞。

图 7.2-25 旋挖钻进成孔

图 7.2-26 钢筋笼安装 3 根声测管

（5）钢筋笼采用专用吊钩多点起吊安放，并采取临时保护措施，使钢筋笼吊运过程中整体保持稳固状态；孔口吊装时对准孔位，吊直扶稳，缓慢下入桩孔。钢筋笼吊装过程中，当笼顶接近孔口时，在最上层箍筋间隔处穿杠使笼体托卡于护筒上，使笼顶钢筋外露，便于后续空孔段声测管接长安装，钢筋笼吊放及孔口固定见图 7.2-29。

图 7.2-27　钢筋笼安装 4 根声测管

图 7.2-28　声测管底部固定及密封

图 7.2-29　桩身钢筋笼吊装及孔口固定

3. 接长声测管结构制作

（1）按所需长度准备接长主筋，并在起吊端焊接固定 2 个对称吊耳。

（2）按配置长度准备接长声测管，并与接长主筋分别一一对应形成绑扎组合。

（3）在接长主筋底部焊接一个临时固定弯钩，将接长声测管底端插入该弯钩，使声测管更好地固定在钢筋上。

4. 多边形钢笼架制作

（1）多边形钢笼架由 30mm 厚 Q235 钢板制成，每块钢板采用满焊方式连接，制作完成的多边形钢筋笼提升笼架见图 7.2-30。

（2）严格按照计算位置在吊笼提升器边框处开孔，现场钢筋笼吊眼开孔见图 7.2-31。

（3）根据项目灌注桩的直径及声测管布设数量的不同，吊眼设置的位置见表 7.2-1。

图 7.2-30　多边形钢筋笼提升笼架

图 7.2-31　钢笼架吊眼开孔

木头龙项目不同桩型对应多边形钢笼架吊眼设置情况一览表　　　　表 7.2-1

桩型	设计桩径(mm)	主筋配筋	声测管根数(根)	俯视示意图
PB-1	1400	28 ⾦ 25	3	
PB-2	1600	32 ⾦ 25	3	
PB-3	1800	38 ⾦ 25	3	
PA-3	2000	15 ⾦ 20	3	
PA-4	2200	18 ⾦ 20	4	

续表

桩型	设计桩径(mm)	主筋配筋	声测管根数(根)	俯视示意图
PA-5	2400	18 ⚎ 22	4	
PA-6	2600	22 ⚎ 22	4	
PA-7	2800	20 ⚎ 25	4	

图 7.2-32　绑扎组合中部绑吊带连接吊车副钩

5. 多边形钢笼架一次性起吊接长声测管至孔口

（1）使用吊带将"接长主筋＋接长声测管"绑扎组合从中部绑紧与吊车副钩相连，防止后续吊运过程中绑扎组合松散甩开，具体见图 7.2-32。

（2）采用吊车连接多边形钢笼架同时吊运"接长主筋＋接长声测管"绑扎组合至桩孔位置上方，具体见图 7.2-33。

6. 接长主筋与桩身钢筋笼主筋通过吊耳相连

（1）"接长主筋＋接长声测管"绑扎组合吊运至孔口位置后，解除中部绑扎吊带，使绑扎组合散开与钢筋笼上安装声测管的主筋位置一一对应定位。

（2）把接长主筋与桩身钢筋笼上绑扎声测管的主筋通过吊耳相连，实现将钢筋笼整体向孔内吊放，使钢筋笼上绑扎的声测管顶端位于稍低于护筒顶沿的位置处，具体见图 7.2-34、图 7.2-35。

7. 接长声测管、接长主筋增设转换弯钩及绳带移位对接安装

（1）在接长主筋和接长声测管上分别焊接 1 个转换弯钩，接长主筋上的弯钩标高相对在上、弯钩方向朝上，接长声测管上的弯钩相对标高在下、弯钩方向朝下，转换弯钩见图 7.2-36，焊接 2 个转换弯钩见图 7.2-37。

（2）准备一条长约 1.5m 的吊带，吊带一端绑扎形成一个可用于钩挂的绳圈，将吊带缠绕经过 2 个转换弯钩，形成接长声测管牵引提拉装置，并将接长声测管拉紧，具体见图 7.2-38。

图 7.2-33　多边形钢笼架一次性起吊 3 根、4 根接长声测管

图 7.2-34　接长主筋与钢筋笼主筋相连　　　图 7.2-35　通过绑扎组合吊笼至护筒内

图 7.2-36　转换弯钩　　　　　　　　图 7.2-37　焊接 2 个转换弯钩

（3）采用乙炔烧焊割除连接接长声测管与接长主筋的临时固定弯钩（图 7.2-39），接长声测管可相对于接长主筋自由移动；再通过松拉绳带，将接长声测管导引至钢筋笼声测管套筒端口处对接，完成声测管整体接长定位安装，然后采用二氧化碳气体保护焊进行焊接相连，对接声测管现场操作见图 7.2-40。

8. 声测管孔口长度误差调节

（1）完成空桩段接长声测管整体对接安装后，如出现由于计算错误或搭接长度误差等导致接长后声测管未安装至指定标高位置的情况，则通过加装较短的调节声测管进行长度补足。

（2）为增强接长声测管与接长主筋的牢固连接，加焊固定弯钩并增加钢丝绑扎（图 7.2-41、图 7.2-42），确保声测管自笼底至地面竖直固定，后续连同钢筋笼整体吊装更稳固。

图 7.2-38 将绳带套入转换弯钩

图 7.2-39 割除临时固定弯钩

图 7.2-40 松拉绳带导引对接声测管

图 7.2-41 弯钩固定接长声测管与接长主筋

图 7.2-42 接长声测管和接长主筋绑扎固定

（3）采用吊车通过多边形钢笼架将钢筋笼及绑扎组合整体下放，至接长声测管顶端突出护筒沿 1m 位置，具体见图 7.2-43。

9. 孔口声测管内注水、声测管下放到位并固定

（1）在孔口处向声测管内注入清水，现场操作见图 7.2-44。

图 7.2-43　多边形钢笼架整体吊放至孔底　　　　图 7.2-44　声测管内注水

（2）声测管内灌满水后，采用吊车通过多边形钢笼架将钢筋笼及接长声测管整体下放至孔内设计标高位置处，在接长主筋的闲置吊耳处穿杠挂于护筒上，见图 7.2-45。

图 7.2-45　吊耳穿杠挂于护筒上

10. 灌注混凝土成桩

（1）现场根据孔深确定配管长度，缓慢下放混凝土灌注导管，注意导管下放时的垂直度控制，避免因导管歪斜或大幅度晃动，导致触碰破坏声测管。

（2）灌注桩身混凝土前，测量孔底沉渣厚度，如厚度超标则进行二次清孔，清孔过程中注意对声测管的保护。

（3）混凝土灌注采用水下导管回顶灌注法，灌注方式根据现场条件可采用混凝土罐车出料口直接下料，或采用灌注斗吊灌注；拆卸导管时注意缓慢提升，避免撞击声测管。

（4）完成灌注桩身混凝土后，起拔孔口护筒，全程缓慢拔出，避免护筒起拔时碰撞，使声测管断裂。

第8章 绿色施工新技术

8.1 旋挖钻进出渣降噪绿色施工技术

8.1.1 引言

旋挖钻机与其他传统桩机设备相比,具有自动化程度高、劳动强度低、施工工效高等优点,在桩基工程中得到了广泛的应用。旋挖钻机使用的钻头主要有旋挖钻斗和旋挖钻筒两种形式,钻进过程中经常出现钻渣在钻斗(筒)内堵塞、黏附而无法顺利排出的问题。当旋挖钻进遇到出渣困难的情况时,旋挖机手通常操作钻斗(筒)正反转交替甩土,或通过旋转过程中急刹制动措施将钻斗(筒)内钻渣抖出,有时需结合挖掘机碰撞钻头出渣,整个出渣过程产生巨大的噪声影响,造成周边环境噪声严重超标,给居民正常生活带来极大困扰,成为旋挖钻进施工被投诉的主要原因,严重时甚至被勒令停工整顿,极大地影响了基础工程施工进度。旋挖钻斗和旋挖钻筒甩动出渣见图8.1-1、图8.1-2。

图8.1-1 旋挖钻斗甩动出渣

图8.1-2 旋挖钻筒甩动出渣

随着政策对建筑施工企业噪声污染的监管及处罚力度逐步加强,解决旋挖钻机出渣时产生噪声的问题迫在眉睫。为此,项目组围绕降低旋挖钻斗和旋挖钻筒出渣甩土作业引发噪声污染的问题开展研究,通过现场工艺试验、优化,形成了旋挖钻进出渣降噪绿色施工工艺。此工艺针对旋挖钻斗和旋挖钻筒分别采用两种低噪声出渣方式,一是针对旋挖钻斗研发一种顶推式出渣装置,在钻斗内部设置一块上部连有传力杆的排渣板,通过钻机动力头压盘向钻斗的承压盘施加压力,承压盘带动传力杆下压排渣板,从而将渣土推压出钻斗;二是针对旋挖钻筒设计一种三角锥式辅助出渣装置,通过在地面设立一个镂空式三角锥体,将旋挖钻筒中的密实钻渣刺入三角锥内,三角锥贯入钻筒钻渣内使其密实结构变疏松后顺利排出。本工艺通过施工现场实践应用,达到了降低施工噪声、提高施工效率的效果,并显著提高了现场绿色文明施工水平。

8.1.2 工艺特点

1. 排渣效果好

本工艺采用顶推式排渣板将旋挖钻斗内渣土完全推出,采用三角式排渣锥贯入旋挖钻筒内使钻渣结构变得疏松后掉落,出渣效果好。

2. 出渣噪声低

旋挖钻斗通过内设的排渣板下移将钻斗内渣土推出,旋挖钻筒通过置于地面的三角锥贯入钻筒内使钻渣结构变疏松后排出,整个排渣操作过程由静力操控,作业噪声小,有效提高了现场绿色文明施工水平。

3. 操作安全便捷

采用顶推式钻斗出渣,只需通过提升钻斗与旋挖机动力压盘接触产生推压力即可完成排渣;采用三角锥辅助出渣,只需将钻筒内钻渣刺入地面三角锥,即可使密实钻渣结构疏松而排出,其出渣方式安全,现场操作便捷。

4. 提高施工工效

采用本工艺进行旋挖钻进施工,有效降低了出渣过程中的噪声污染,避免了因噪声过大引发投诉导致停工造成的工期延误损失,大大提升了现场施工工效,加快施工进度。

8.1.3 适用范围

适用于旋挖钻进过程中直径不大于1200mm的旋挖钻斗、直径不大于1000mm的旋挖钻筒出渣。

8.1.4 工艺原理

1. 旋挖钻斗顶推式出渣工艺原理

(1)技术路线

旋挖钻斗出渣困难是由于钻渣黏附于钻斗内壁,为此设想设计一种顶推式旋挖钻斗,通过顶推力作用方式将钻斗内部的渣土自上而下推压出斗。

(2)钻斗顶推结构设计

根据上述技术路线,在常用的旋挖钻斗结构基础上对旋挖钻斗进行改装,增加了一套内部顶推结构。该顶推结构的思路与普通注射器原理相同。注射器结构主要由压板、活塞轴、筒耳、活塞和针筒组成,见图8.1-3。当需要将针筒内液体排出时,保持针筒不动,推动上部压板,压板通过活塞轴推动活塞,从而将针筒内液体排出。为此,本工艺用于旋挖钻斗的顶推结构主要由承压盘(压板)、传力杆(活塞轴)、排渣板(活塞)、限位杆(筒耳)、斗体(针筒)组成(括号内为与顶推结构功能对应的注射器结构),旋挖钻斗顶推式出渣结构见图8.1-4。

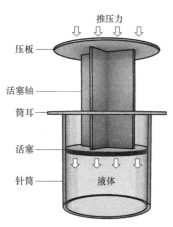

图 8.1-3　注射器结构

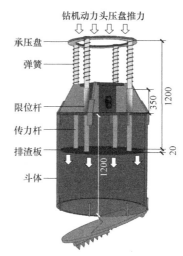

图 8.1-4　旋挖钻斗顶推式出渣结构

以高 1200mm、外径 1000mm 的旋挖钻斗为例，顶推结构排渣板由 20mm 厚钢板制作，外径比旋挖钻斗内径略小，排渣板上方由 4 根长 1200mm 的传力杆连接，4 根传力杆分别套于固定在钻斗顶面的 4 根长 350mm 的限位杆内，限位杆用来限制承压盘的下移距离，连接承压盘一端的传力杆外部弹簧长度为 500mm。

（3）钻斗顶推出渣原理

旋挖钻斗顶推出渣原理是在钻斗内设置一块上部带有传力杆的排渣板，通过钻机动力头压盘向钻斗的承压盘施加压力，承压盘带动传力杆下压钻斗内的排渣板，从而将渣土推压出钻斗。

实际操作过程中，在完成一次旋挖回次钻进后，将装有渣土的钻斗上提出孔，在置于地面通过旋转打开钻斗底部阀门后，再继续提升钻斗并与钻机动力头压盘接触，此时顶推结构的承压盘持续承受来自钻机动力头压盘向下传递的推力，并通过传力杆推动钻斗内的排渣板向下将渣土推出；当渣土完全排出后，下放钻斗旋转关闭钻头底部阀门，此时顶推结构在弹簧回弹作用下回至原位，至此完成钻进、出渣操作过程。

旋挖钻斗顶推式出渣原理见图 8.1-5。

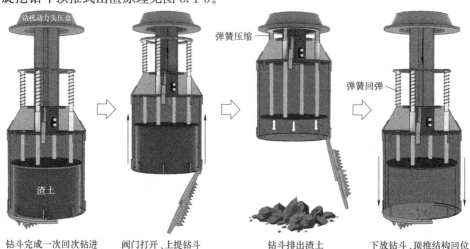

钻斗完成一次回次钻进　　阀门打开、上提钻斗　　钻斗排出渣土　　下放钻斗、顶推结构回位

图 8.1-5　旋挖钻斗顶推式出渣原理

2. 旋挖钻筒三角锥辅助出渣工艺原理

（1）技术路线

旋挖钻筒出渣困难是由于密实钻渣堵塞在钻筒内，由于钻筒为底部敞开式钻头，为此设想通过一种外部装置将钻筒内的钻渣结构变疏松，从而达到顺利出渣的目的。

（2）锥式出渣装置设计

根据上述技术路线，设计一种钢质三角锥体，通过锥体将钻筒内的钻渣密实结构疏松而达到排渣。本三角锥式出渣装置主要由底部支座、三角锥式结构及锥体顶部连接板组成。

底部支座为 450mm×450mm 正方形底板，由厚度 20mm 钢板制成，主要对三角锥起稳固作用；三角锥体整体高度为 600mm，采用 10mm 钢板焊制，为镂空结构，主要用于产生锥力破坏钻筒内岩渣的密实结构，便于顺利排渣；锥体顶部连接板垂直高度为333mm，其作用是加大锥体的贯入破坏面积。三角锥式辅助出渣装置示意见图 8.1-6，实物见图 8.1-7。

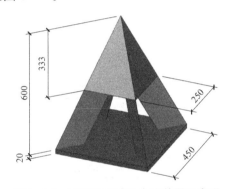

图 8.1-6　三角锥式辅助出渣装置示意图

图 8.1-7　三角锥式辅助出渣装置图

（3）三角锥出渣原理

三角锥辅助旋挖钻筒出渣降噪技术主要工艺原理表现为以下两个方面：

1）旋挖钻筒冲击锥体贯入密实钻渣

在旋挖钻进完成一个回次进尺后，将钻杆连同旋挖钻筒从孔内提出，移动钻筒至三角锥式出渣装置上方，并将钻筒快速放下，使钻筒内的密实钻渣面冲击贯入锥体，钢质锥体板使锥刺破坏面加大，而镂空的锥体结构便于锥体进入钻渣内，锥体的整体结构设计利于将密实钻渣变疏松，经一次或多次反复操作后，筒内全部钻渣即可顺利排出。

2）三角锥体对钻渣的挤压剪切扰动

在钻筒冲击三角锥体时，除发生锥体贯入钻渣外，钻筒内部密实的钻渣同时发生挤压剪切破坏，钻渣受锥体冲击挤入影响会向上产生一定的位移，钻筒内顶部积存的泥浆将从钻筒顶的洞口挤出。

旋挖钻筒三角锥出渣原理见图 8.1-8。

8.1.5　施工工艺流程

1. 旋挖钻斗顶推式出渣

旋挖钻斗顶推式出渣施工工艺流程见图 8.1-9。

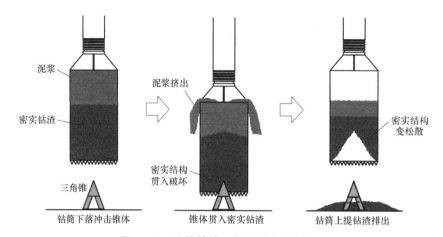

图 8.1-8　旋挖钻筒三角锥辅助出渣原理

2. 旋挖钻筒三角锥辅助出渣

旋挖钻筒三角锥辅助出渣施工工艺流程见图 8.1-10。

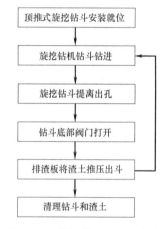

图 8.1-9　旋挖钻斗顶推式出渣
施工工艺流程图

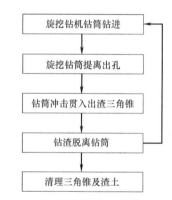

图 8.1-10　旋挖钻筒三角锥辅助出渣
施工工艺流程图

8.1.6　旋挖钻斗顶推式出渣操作要点

1. 顶推式旋挖钻斗安装就位

（1）钻进前，埋设好孔口护筒并复核护筒中心位置。

（2）安装钻头前，检查顶推式钻头各连接杆、阀门、弹簧的性状，确保完好后进行安装。

（3）安装钻头时，采用吊车将顶推式旋挖钻斗吊至孔口，旋挖钻机钻杆插入顶推式旋挖钻斗的连接方套中并用连接销固定。顶推式旋挖钻斗安装见图 8.1-11。

2. 旋挖钻机钻斗钻进

（1）钻机就位后，对准桩位，利用钻机自带的自动检测系统调整桅杆及钻杆垂直度。

（2）钻机缓慢将钻斗下放入护筒内，直至其底部接触孔底，始终保持钻斗竖直。

（3）开始钻进时，钻具顺时针方向旋转，钻斗底阀门打开，钻进过程中钻渣进入钻斗，控制转速，轻压慢转。旋挖钻机钻斗钻进见图 8.1-12。

图 8.1-11　顶推式旋挖钻斗安装　　　　　图 8.1-12　旋挖钻机钻斗钻进

3. 旋挖钻斗提离出孔

（1）钻进时，利用钻机自带的钻孔深度监测系统，控制每个回次进尺不大于钻斗有效钻进深度的 80%，防止钻头内钻渣过于挤密。

（2）钻头完成一个回次进尺后，将钻斗置于孔底并逆时针旋转，使底部阀门关闭，并提升钻具出孔。

（3）提钻时，控制钻斗升降速度，并在孔口位置稍待停留向孔内补浆，以维持孔内液面高度，确保孔壁稳定，再将钻斗提出护筒。旋挖钻斗提离出孔见图 8.1-13。

4. 钻斗底部阀门打开

（1）将提离出孔的钻斗下放直至底部接触地面，顺时针旋转钻斗，此时底部阀门松开，具体见图 8.1-14。

图 8.1-13　旋挖钻斗提离出孔　　　　　图 8.1-14　钻斗触地顺时针旋转

（2）上提旋挖钻斗，使钻斗底部阀门通过斗底合页结构旋转打开，具体见图 8.1-15。

247

5. 排渣板将渣土推压出斗

（1）钻斗底阀门打开后，钻斗内钻渣外卸，部分钻渣黏附于钻斗内壁；此时，继续上提钻斗，使钻机动力头压盘与钻斗承压盘接触并持续加压，具体见图 8.1-16。

图 8.1-15　旋挖钻斗阀门打开

图 8.1-16　钻机动力头压盘向钻斗承压盘施压

图 8.1-17　排渣板将渣土推离钻斗

（2）排渣过程中钻斗承压盘受到向下的推力，承压盘下移使传力杆外部弹簧压缩，通过传力杆推动钻斗内的排渣板下移，将钻斗内渣土推压出斗。

（3）当钻渣完全排出后，下放钻斗至地面并逆时针旋转关闭钻头底部阀门。此时，顶推结构在弹簧回弹作用下回至原位，至此完成回次钻进、出渣操作过程。具体出渣过程见图 8.1-17。

6. 清理钻斗和渣土

（1）完成整桩钻进成孔后，用清水冲洗钻斗外部及内壁，检查各连接件间性状，并将旋挖钻机移位至下一桩孔施工。

（2）清理桩孔附近渣土并装运出场。

8.1.7　旋挖钻筒三角锥辅助出渣操作要点

1. 旋挖钻机钻筒钻进

（1）场地平整，定位放线，埋设护筒。

（2）钻机安装旋挖钻筒，设备就位后利用钻机自带的自动检测系统调整桅杆及钻杆垂直度，采用十字交叉法对中孔位。

（3）保证钻孔与地面相互垂直，钻进过程中缓慢提高钻机转速，在提升速度时保证"三点一线"，即钻头中心、钻杆中轴、护筒中线始终共线。

（4）利用钻机自带的钻孔深度监测系统控制每个回次进尺不大于80%，保证后续提钻后钻筒内钻渣经三角锥出渣装置的贯入能顺利排渣。

（5）钻进成孔过程中，采用优质泥浆护壁，始终保持孔壁稳定，防止钻孔时出现坍塌情况。

2. 旋挖钻筒提离出孔

（1）完成一个回次进尺后，钻筒内填充密实钻渣，上提钻杆将钻筒提离出孔。

（2）提钻时，严格控制钻筒升降速度，钻筒升降速度过快，易造成桩孔缩径、坍塌。钻筒提离出孔具体见图8.1-18。

3. 钻筒冲击贯入出渣三角锥

（1）将三角锥式出渣装置稳固放置于钻筒卸渣点。

（2）移动钻筒至三角锥式出渣装置上方，

图 8.1-18　旋挖钻筒提离出孔

将钻筒快速下放，使钻筒冲击三角锥，可重复操作并适当转动钻筒，增大钻筒内钻渣与三角锥的接触面积，使堵塞于钻筒内的钻渣全断面疏松，现场具体操作见图8.1-19。

图 8.1-19　移动钻筒冲击贯入三角锥式出渣装置

4. 钻渣脱离钻筒

（1）在三角锥的冲击贯入作用下，钻筒内上部泥浆受到挤压发生剪切移动，从筒顶的孔洞溢出，密实钻渣结构变疏松后排落至地面。

（2）经一次或反复多次操作后，钻筒内全部钻渣顺利排出，具体见图8.1-20。

5. 清理三角锥及渣土

（1）钻筒卸渣后，继续入孔钻进。

（2）每个回次钻进后，及时对卸渣点渣土进行清理，并将三角锥镂空部分冲洗干净，以便三角锥下一回次辅助出渣。

8.1.8　材料与设备

1. 材料

本工艺所用材料主要为钢板、弹簧、电焊条等。

图 8.1-20　钻筒内钻渣脱离钻筒

2. 设备

本工艺现场施工主要机械设备配置见表 8.1-1。

主要机械设备配置表　　　　　　　　　　　　　　　　　　　　　表 8.1-1

名称	型号	技术参数	备注
旋挖钻机	宝峨 BG30 / 三一 SR280	扭矩 294kN·m / 扭矩 280kN·m	钻进成孔
顶推式旋挖钻斗	自制	直径 1000mm，高 1200mm	顶推式排渣
三角锥式出渣装置	自制	整体高度 600mm	钻筒排渣

8.1.9　质量控制

1. 旋挖钻斗顶推式出渣

（1）严格按照顶推式出渣钻斗的设计尺寸制作，传力杆与承压盘、排渣板之间连接焊缝密实牢固，保证制作精度。

（2）使用前，检查钻斗竖直时承压盘、排渣板的水平度和传力杆的垂直度。

（3）控制回次进尺不大于钻斗容量的 80%，防止钻头内钻渣过于挤密。

（4）排渣时控制提钻速度，避免钻机动力头压盘与钻斗承压盘猛烈撞击。

2. 旋挖钻筒三角锥辅助出渣

（1）严格按照三角锥式出渣装置的设计尺寸制作，各钢板连接焊缝密实、牢固。

（2）使用三角锥式出渣装置时，将其放置于桩孔附近的卸渣点，场地提前平整清理，保证出渣装置摆放稳固，防止排渣时出渣装置移位或倾倒。

（3）旋挖钻筒提离孔口向三角锥式出渣装置移动贯入时，钻筒内钻渣面对准贯入。

（4）观察旋挖钻筒贯入三角锥式出渣装置的排渣情况，如发现因出渣装置上粘满渣土导致影响排渣效果时，及时用清水冲洗干净后再使用。

8.1.10 安全及环保措施

1. 安全措施

（1）制作顶推式出渣钻斗、三角锥式出渣装置的焊接作业人员按要求佩戴专门的防护用具（防护罩、护目镜等），并按照相关操作规程进行焊接操作。

（2）三角锥需人力抬移时，防止人员被锥尖刺伤。

（3）装载渣土的泥头车在施工现场按规定线路行驶，严格遵守场内交通指挥和规定，确保行驶安全。

2. 环保措施

（1）制作顶推式出渣钻斗、三角锥式出渣装置所用钢板、焊条等可从现场直接取用，充分利用现场物料。

（2）返回地面孔口的渣土集中堆放并覆盖，及时清理外运。

（3）顶推式钻斗和出渣三角锥注意维护，并归类保管。

8.2 基坑土洗滤、压榨、制砖综合利用绿色施工技术

8.2.1 引言

在建筑基坑开挖过程中，大量的废弃土方需要外运处理。对于废弃土方的处置方法，目前常用的处置方式是采用泥头车将废弃土方运往场地外的指定废弃土方受纳场堆填，受纳场随着土方量的渐增会占用大量的土地资源，若受纳场运营不当则会产生一系列的环境及安全问题。另外，由于指定受纳场地少，且运输队伍不规范，存在废弃土方乱排放现象，导致时常发生市政管网堵塞和环境污染等问题。

因此，如何合理处置开挖基坑所产生的废弃土，如何采用有效的工艺技术经专门处理后能循环利用、变废为宝，实现绿色、环保施工是亟待解决的热点难题。

为解决上述存在的问题，项目部开展了"基坑土洗滤、压榨、制砖全过程综合利用绿色施工技术"研究，对开挖出的废弃土方进行资源优化处理，首先将基坑土经洗滤系统生成洁净的砂、粗颗粒土（粗渣）和泥浆，再将泥浆通过压榨系统转换为无色的水和塑性的泥饼；砂可用于搅拌站拌制混凝土和现场砌筑，粗渣和泥饼可在现场加工成环保砖，水可用于现场洗车、喷洒和施工，整体上实现了资源循环再利用，大大降低了施工成本，取得了显著的社会效益和经济效益。

本工艺通过数个项目实际应用，达到了质量可靠、高效经济、文明环保的效果，并形成了一批成熟的施工新技术，已获得发明专利 1 项，实用新型专利 6 项；本工艺子课题"基坑土洗滤、泥浆压榨一站式固液分离无害化施工技术"经广东省建筑业协会科学技术成果鉴定为国内领先水平，并获广东省土木建筑学会科学技术奖二等奖。

8.2.2 工艺特点

1. 洗滤压榨制砖一站式综合处理

本工艺采用洗滤、压榨和制砖三套处理系统，洗滤系统将基坑土经洗滤生成洁净的

砂、粗渣和泥浆，再采用压榨系统将泥浆转换为无色的水和塑性的泥饼，最后采用制砖系统将粗渣和泥饼制成环保砖。一站式综合处理，整体处理过程彻底，无害化程度高、效果好。

2. 机械化、模块化、装配式便捷操作

本工艺应用场地设在基坑周边的室外地坪上，处理设备占地面积小，通过模块化设计，将现场设备按洗滤、压榨、制砖等工序高度集成式组合安装，实现现场设备可移动，安装拆除快速的目的；机械化、模块化、装配式处理的方式操作便捷，可缩短进出场时间，减少对施工现场的干扰。

3. 处理能力强

本工艺所述的洗滤、压榨、制砖处理系统，可根据现场的面积大小、开挖能力、工期要求等因素，设置相应的配套数量，可同时设置多台处理流水作业线；本系统开机后可连续作业，各个子系统同时运作，处理能力强。

4. 经济效益显著

本工艺将基坑土经洗滤、压榨、制砖处理后，转换成干净的砂、无色的循环水以及强度较高的环保砖，洗滤砂、清洁水、环保砖均可循环利用于施工现场，或外运出售，建筑废弃物再生资源回收利用创造出显著的经济效益。

5. 资源节约成效显著

本工艺就地对基坑土进行处理，避免了占用大面积的堆场，节省城市大量规划用地；产生的砂可有效弥补建筑市场砂料短缺，减少无节制的开采；循环水在现场用于施工、清洁、洗车等；环保砖用于道路铺设、城市河道固土护坡、城市地下管网建设等；可节约大量的水资源，资源节约型处理技术社会效益显著。

6. 绿色环保无污染

本工艺的处理技术，在施工现场就地将基坑土处理为可再生循环利用的砂、水、砖，全过程一站式无害化处理，大大减少了外运废物量和泥头车运输量，避免了车辆污染环境和占用市政道路，绿色环保、无污染。

8.2.3　适用范围

适用于含砂率40％以上的基坑土洗滤压榨处理；适用于桩基、地下连续墙等基础工程施工所产生的废泥浆洗滤压榨处理；适用于基坑土泥渣制砖处理。

8.2.4　工艺原理

本工艺所述的处理技术包括基坑土洗滤、泥浆压榨一站式固液分离无害化处理技术和基坑土洗滤压榨后残留废渣模块化自动固化台模振压制砖技术。

基坑土经洗滤、压榨系统可转换成洁净的砂、清水和洗滤压榨残留废渣（粗渣和泥饼），残留废渣经制砖系统可压制成环保砖，整个全过程在同一场地完成，实现基坑土绿色综合利用。其施工工艺流程见图 8.2-1，现场处理见图 8.2-2。

1. 基坑土洗滤、泥浆压榨一站式固液分离无害化处理

基坑土洗滤、泥浆压榨一站式固液分离无害化施工，包括两套工艺处理系统，即基坑土洗滤系统和泥浆压榨系统。

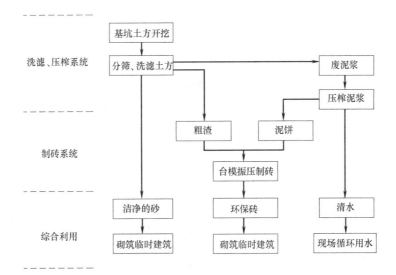

图 8.2-1 基坑土洗滤、压榨、制砖全过程综合利用绿色施工工艺流程图

图 8.2-2 基坑土洗滤、压榨、制砖一站式无害化处理现场

洗滤系统的工艺原理是：首先，用高压水枪对进入滚筒筛的基坑土喷射稀释进行初步筛选，将筛分出的粒径>10mm 的粗料外运至指定地点；粒径≤10mm 的细料，则被筛入斗轮式洗砂机进行洗筛，洗筛工作由两个斗轮式洗砂机组成，洗砂过程中产生的泥浆经旋流器进行处理，将其中直径≥4mm 的砂粒再分离，并落至第二个斗轮式洗砂机内；经洗砂机洗筛后的干净砂，再经脱水筛振动脱水，最终由传送带输出至堆砂场。

压榨系统是将洗滤产生的泥浆进行压榨处理，其工艺原理是将洗滤系统中分离出的泥浆存放到储浆桶内，然后向储浆桶中加入絮凝剂，在絮凝剂的作用下泥浆中的大颗粒固体物质将吸附在一起，并与溶剂水发生分离形成固液混合相；随后，将储浆桶中的泥浆通过泥浆泵抽取至袋压式泥浆压榨机进行压榨处理，压榨出塑性的泥饼和无色的水。

基坑土洗滤、泥浆压榨一站式固液分离无害化处理工艺原理见图 8.2-3。

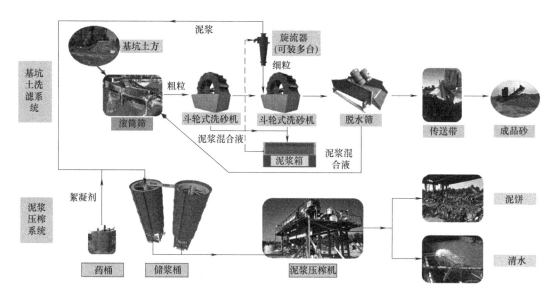

图 8.2-3　基坑砂质土洗滤、泥浆压榨一站式处理

2. 基坑土洗滤压榨后残留废渣模块化自动固化台模振压制砖

基坑土洗滤压榨后残留废渣模块化自动固化台模振压制砖，其工艺原理是将基坑土洗滤压榨后残留的废弃粗渣和泥饼进行破碎加工成粗、细料，再对粗、细料计量混合配料，掺入适量水泥作为胶凝材料，并混合掺入一定比例的高性能固化剂进行强制搅拌；然后，通过传输带将拌合料送入台模振压砌块成型机压制成型后，由叠板机将成品砖进行堆叠，最后通过叉车将其运送至指定位置自然养护。

基坑土洗滤压榨后残留废渣模块化自动固化台模振压制砖工艺原理见图 8.2-4。

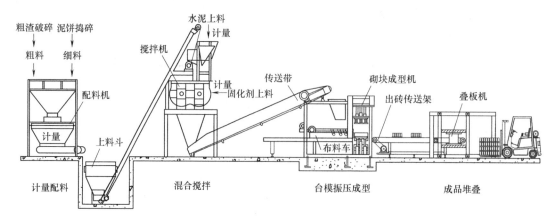

图 8.2-4　基坑土洗滤压榨后残留废渣模块化
自动固化台模振压制砖工艺原理

8.2.5　施工工艺流程

基坑土洗滤、压榨、制砖全过程绿色综合利用处理工序流程见图 8.2-5。

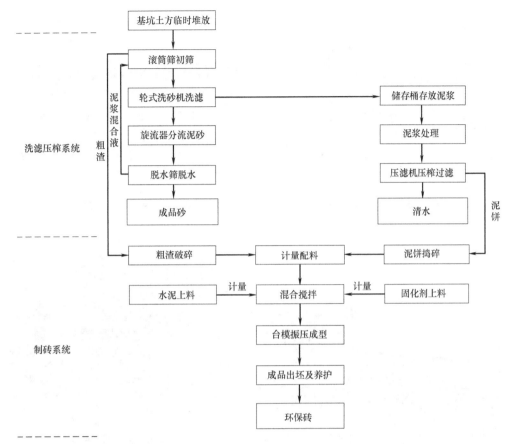

图 8.2-5　基坑土洗滤、压榨、制砖全过程绿色综合利用处理工序流程图

8.2.6　工序操作要点

1. 基坑土方临时堆放

（1）将基坑开挖土按现场布设要求堆放。

（2）泥头车卸土后，用推土机将土方集中，使用铲车将土堆筑至约 3m，以方便下一步入筛处理。

（3）堆场配备挖掘机上料。

现场泥头车运输、推土机处理见图 8.2-6，铲车堆筑、挖掘机配合见图 8.2-7。

2. 滚筒筛初筛

（1）采用挖掘机将基坑土上料，通过料斗进入滚筒筛，入料斗及滚筒筛倾斜设置以便于下料，具体见图 8.2-8。

（2）在入料斗口内安装 3 根管口朝外的高压水枪稀释基坑土，随着滚筒筛旋转实现初滤处理。可用的粒料进入斗轮式洗砂机，过大粒径的粗渣直接被分筛后，通过破碎处理作为制砖用的粗骨料。稀释后的土料随高压水经入料斗进入滚筒筛，随着倾斜设置的滚筒筛转动，土中的固体颗粒在筛面上不断翻转，粒径＞10mm 的粗粒通过滚筒筛末端排出，见图 8.2-9；符合要求的粒径≤10mm 的细粒，则从滚筒筛底部筛孔排出，进入下一步洗砂机的清洗流程。

图8.2-6 泥头车运输和推土机处理

图8.2-7 堆场铲车、挖掘机

图8.2-8 挖掘机将基坑土盛放至入料斗

图8.2-9 滚筒筛末端排出的粗粒

3. 斗轮式洗砂机洗滤

（1）滚筒筛中筛出的细粒土被输送至第一台斗轮式洗砂机的洗槽中，在叶轮的带动下翻滚，并相互研磨，除去覆盖砂石表面的杂质；同时，破坏包裹砂粒的水汽层，以利于脱水；另外，水流及时将杂质及相对密度小的异物带走，并从溢出口洗槽排出混合泥浆进入泥浆箱；清洗作用干净的砂由叶片带走，随后倒入第二台斗轮式洗砂机中进行第二轮清洗；最后，砂粒从旋转的叶轮倒入出料槽，完成清洗作业，具体见图8.2-10。

（2）一次洗滤、二次洗滤排出的泥浆混合液进入泥浆箱后，送入旋流器分流泥砂。

4. 旋流器分流泥砂

（1）泥浆混合液由泥浆泵抽取至旋流器内进行再分离处理，旋流器利用离心沉降原理对泥浆混合液中粒径≥4mm的粗颗粒进行筛分，防止粗颗粒在后续的压榨工序操作时对过滤布的损坏，处理后的粗颗粒再次进入斗轮式洗砂机第二段叶轮中清洗出砂，处理后的泥浆则通过管道进入泥浆桶中存放。旋流器泥砂分离处理见图8.2-11。

（2）当一台旋流器处理能力不足时，可安设两台旋流器共同运作。

5. 脱水筛脱水

（1）本工艺脱水筛主要由筛箱、激振器、支承系统及电机组成，两个互不联系的振动器做同步反向运转，两组偏心质量产生的离心力沿振动方向的分力叠加，反向离心抵消，

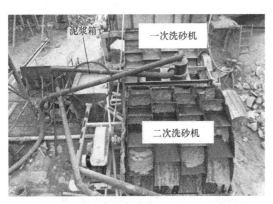

图 8.2-10　斗轮式洗砂机一次、二次洗滤　　　　图 8.2-11　旋流器泥砂分离处理

从而形成单一的沿振动方向的激振动，使筛箱做往复直线运动，进而达到脱水、脱泥的效果。脱水筛现场脱水见图 8.2-12。

（2）脱水筛中排出的泥浆混合液落入机座底槽中，随后通过泥浆管排入滚筒筛中。

图 8.2-12　脱水筛现场脱水

（3）传送带运输成品砂至堆砂场，具体见图 8.2-13。

图 8.2-13　传送带运输成品砂

6. 储存桶存放泥浆

（1）从旋流器中分离出的泥浆在泵送至储浆桶后，安装在储浆桶外的絮凝剂抽取泵将絮凝剂抽取至储浆桶内与泥浆发生聚沉反应。

（2）絮凝剂是一种有机高分子聚合物，能够将泥浆中的大颗粒固体物质迅速分离沉淀下来，实现泥水分离的目的。它是一种效果显著的泥浆压泥脱水剂，对周边环境无污染。

7. 泥浆处理

（1）储浆桶内的泥浆与絮凝剂充分反应后，经泥浆泵泵入泥浆压榨机。

（2）袋压式矩形板压榨机主要由机架、过滤装置、进料装置、液压装置、过滤滤布、操作控制台等构成，见图 8.2-14。

图 8.2-14　压滤机液压系统

（3）压榨过程中，滤液持续透过过滤滤布，落入排水槽中，再经排水槽通过出液阀排入蓄水池，排出的滤液为可利用的清洁水，存储于蓄水池用于现场循环使用。蓄水池在场内临时挖设，形状及尺寸根据现场情况确定，容量考虑为施工现场日产生清水量的 1.5～2.0 倍，具体见图 8.2-15。

8. 压滤机压榨过滤

（1）当压滤机泵压达到 2MPa 时，停止进料。

图 8.2-15　压榨过滤排出的清水与蓄水池

（2）泥浆压榨过滤完成后，转动排水板，由拉板小车逐个拉开滤板，实现自动卸除滤饼。

（3）经压榨处理后的泥饼含水率约 30%，其颗粒细微，经过晾晒及捣碎处理后可直接用于在现场压制成环保砖，完全实现了对废泥浆的无害化循环处理利用，具体见图 8.2-16。

9. 粗渣破碎

（1）粗渣粒径过大，不宜直接作为制砖原料，采用破碎机粉碎后使用，粗料粒径控制在 8mm 以下。

（2）破碎采用专用破碎机现场破碎，铲车上料，按需要的粒径设置破碎方式，以满足制砖要求；对于不符合要求的粗颗粒，可采用再次重复破碎处理，现场破碎机破碎粗渣，具体见图 8.2-17。

图 8.2-16 卸除的泥饼

图 8.2-17 移动式破碎机现场破碎粗渣

10. 泥饼捣碎

（1）泥饼含水率过高，不宜直接作为制砖原料，使用装载机将泥饼运送至指定堆场人工捣碎并晾晒，作为制砖细料。泥饼现场捣碎、晾晒具体见图 8.2-18。

（2）及时测定细料的含水率，其含水率控制在 8%～10%，方便控制物料配比。

图 8.2-18 泥饼现场捣碎、晾晒

11. 计量配料

（1）将处理好的粗料和细料由装载机分别送入粗、细两个储料仓内。

（2）配料时，首先粗骨料皮带机开始工作，将粗骨料输送到计量斗，当计量斗内粗骨料重量达其设定值时，粗骨料皮带机停止；接着，细骨料皮带机自动开启，当称料斗中的物料重量达到粗骨料和细骨料设定值之和时，细骨料皮带机停止，配料完成，具体流程见图 8.2-19；最后，启动计量斗皮带机，将混合骨料送入搅拌机上料斗。

图 8.2-19　配料流程图

12. 水泥上料

（1）散装水泥采用 P·O 42.5R，储存在卧式水泥仓中。

（2）散装水泥按照设计配比，通过螺旋输送机计量送入强制搅拌机中，见图 8.2-20。

13. 固化剂上料

（1）固化剂与水按设计配比调制固化剂溶液，存放在 PE 储液罐中。

（2）固化剂溶液通过塑料罐底部阀门，由抽水泵送入搅拌机中，见图 8.2-21、图 8.2-22。

图 8.2-20　水泥输送线路

图 8.2-21　塑料罐外部固化剂溶液抽取

图 8.2-22　固化剂溶液进入搅拌机

14. 混合搅拌

（1）粗细骨料计量配料后进入上料料斗，启动上料系统的卷扬制动电机，减速箱带动卷筒转动，钢丝绳经滑轮牵引料斗沿上料架轨道向上爬升；当爬升到一定高度时，料斗门即自动打开，物料经进料漏斗卸入搅拌筒内，见图 8.2-23。

图 8.2-23 料斗沿轨道向上爬升上料

（2）搅拌前，先启动上料系统，将计量过的粗细混合料卸入搅拌机中，再启动螺旋输送机加入一定比例的水泥一起干拌 2～3min；然后，将预先按比例混合好的固化剂溶液，通过抽水泵注入搅拌机中，再搅拌 2～3min，完成搅拌工序。双轴强制搅拌机见图8.2-24。

图 8.2-24 双轴强制搅拌机

（3）搅拌完成后，拌合料通过搅拌机下方漏斗卸入传送布料带，传送布料带将拌合料送至台模振压砌块成型机，见图 8.2-25。

图 8.2-25 拌合料通过传送布料带进入砌块成型机料斗

15. 台模振压成型

（1）拌合料送入布料车后，布料车向前推进，在模具上方快速往复运动的同时振动台振动；拌合料受到冲击和振荡，均匀落入模具中并初步密实，具体见图 8.2-26。

图 8.2-26 布料车受料后向前推进布料

（2）布料完成后，砌块成型机将拌合料压制成砖坯；砖坯成型后，下油缸将模具提起，实现砖坯脱模，见图 8.2-27、图 8.2-28。

图 8.2-27 台模共振静压成型　　　　图 8.2-28 砖坯脱模

16. 成品出坯

（1）布料前，供板机将托板送至模具下方；物料压制成砖坯后，出砖传送架带动托板将砖坯托运至叠板机处，托板传送线路见图 8.2-29。

（2）出砖传送架由主动传送区和被动传送区两部分组成，主动传送区负责送砖，被动传送区末端设置叠板机行程开关，负责启动叠板机；当后一块托板送至被动传送区时，将会推动前一块托

图 8.2-29 托板传送线路

板前进直至触发叠板机行程开关，叠板机自行启动，具体见图 8.2-30。

（3）叠板机工作时，升降机带动两板砖坯上升至一定高度后，叠板机通过滑轨水平前移，达到叠放区后升降机下降堆叠砖坯，最后自行返回原位。叠板过程见图 8.2-31。

图 8.2-30　出砖传送架

图 8.2-31　砖坯堆叠过程

17. 成品养护

（1）将堆叠好的成品砖使用叉车运送至养护区养护，养护区处于通风顺畅区域。

（2）养护方式采用自然养护，养护时间为 24h，具体见图 8.2-32。

图 8.2-32　叉车运输砖坯至养护区

8.2.7　材料与设备

1. 材料

本工艺所使用的材料主要有胶带、胶管、钢管、钢板、焊条、螺母、螺栓等。

2. 设备

本工艺所涉及机械设备主要有滚筒筛、斗轮式洗砂机、旋流器、脱水筛、传送带、储浆桶、泥浆压榨机、配料机、砌块成型机、叠板机等，详见表 8.2-1。

主要机械设备配置表　　　　　　　　　　表 8.2-1

名称	型号	数量	备注
滚筒筛	GS1830	2 台	初筛上料、粗渣分筛
斗轮式洗砂机	Xs3016	2 台	洗滤细料
旋流器	ZX-50	多台	分流泥砂

名称	型号	数量	备注
脱水筛	TS1020	1 台	振动脱水成品砂
传送带	JL-60 胶带	2 台	运输成品砂、粗渣
储浆桶	$\phi 3.0\text{m} \times 7.0\text{m}$	多个	储存泥浆
泥浆压榨机	袋压式矩形板压榨机	2 台	压榨泥浆
蓄水池	形状、尺寸视情况确	1 个	储存清水
移动式破碎机	1416	1 台	粗渣破碎
螺旋输送机	LSY200	2 台	输送水泥
配料机	PLD800	1 台	计量配料
搅拌机	JS750	1 台	混合物搅拌
混合料传送带	—	1 台	运输混合料
砌块成型机	QT10-15	1 台	压制砖坯
供板机	—	1 台	托板运送
叠板机	双排叠板机	1 台	砖坯叠板

8.2.8　质量控制

1. 基坑土洗滤、泥浆压榨一站式固液分离处理

（1）滚筒筛和洗砂机运作时，派专人观察其工作状态，及时排除故障，特别注意入料口及排料口是否堵塞，保证正常工作。

（2）滚筒筛和脱水筛使用完成后，派专人进行清理，清除滚筒筛内腔和脱水筛底槽中的沉积物，保持良好使用状态。

（3）当一台旋流器处理能力不足时，可安设多台旋流器共同运作。

（4）成品砂不宜长时间现场堆积，如不及时清理，则容易占用场地或被油渣污染。

（5）根据场地情况，可架设多个储浆桶存放泥浆。

（6）压榨机机架要求水平架设，在推动滤板时需用拉板小车上的螺栓固定其支腿，保证其在受力状态下保持一定的自由位移。

（7）压榨机使用前要求滤板整齐排列在机架上，不允许出现倾斜现象，以免影响压榨滤机正常使用；过滤滤布保证平整，不能有折叠，否则会出现漏料现象。

（8）压榨过程中，控制好压力，掌握好加压处理时间，保证压榨效果。

（9）定期检查压榨机的轴承、链轮链条、活塞杆等零件，使各配合部件保持清洁，润滑性能良好，以保证动作灵活。

（10）定期清理搬运操作平台底部的泥饼，避免过度堆积，影响压榨机正常运行。

2. 废渣模块化自动固化台模振压制砖

（1）启动配料机前，清空计量斗内余料，清零计量斗。

（2）配料机储料仓的粗细骨料及时补充，防止储料仓骨料太少而导致配料不准。

（3）配料机计量斗部分定期检查，出现较大误差值时查明原因，如属传感器及控制器内零件故障，及时更换同型号产品。

（4）搅拌机操作过程中，切勿使砂石等落入机器的运转部位，料斗底部粘住的物料及时清理干净，以免影响料斗门的启闭。

（5）当物料搅拌完毕或预计停歇半小时以上时，将粘在料筒上的砂浆冲洗干净后全部卸出；料筒内不得有积水，以免料筒和叶片生锈；同时，清理搅拌筒外的积灰，使机械保持清洁、完好。

（6）准确控制固化剂溶液配制比例。

（7）托板保持洁净，发现粘结的料块，清除完毕后送入供板机。

（8）布料车底板保持与模具平面一致，高速布料车退回后，既能刮回余料，也能扫清压头表面粘料，上下刮板磨损过度及时拆换；

（9）成品砖采用室外自然养护，24 小时后使用。

8.2.9 安全措施

1. 基坑土洗滤、泥浆压榨一站式固液分离处理

（1）洗砂机上架设的旋流器安装牢固，定期检查维护。

（2）储浆桶和压榨机操作平台由专业队伍和人员搭设，搭设完毕经监理单位现场验收合格后方可投入使用。

（3）高架的操作平台四周设安全护栏和上下行爬梯，并设警示标志。

（4）机械设备发生故障后及时检修，严禁带故障运行和违规操作，杜绝机械事故。

（5）输送泥浆过程中的胶管和钢管连接处要求密封性好，防止高压泵入泥浆时发生泄漏。

（6）泥饼下落时，平台下严禁站人。

2. 废渣模块化自动固化台模振压制砖

（1）制砖操作与洗滤、压榨机保持一定距离，避免作业干扰。

（2）配料机在运行中随时检查各运转部分是否正常，输送皮带有无跑偏，皮带与从动轴之间有无异物掉入；如有异常情况，立即停机排除。

（3）检查搅拌机叶片、支撑臂连接螺栓是否松动，调整叶片与罐臂的间隙；各电机、电气元件接线不得有松动现象，并检查交流接触器触点情况；对配电箱的灰尘进行清扫，各限位开关不得进水。

（4）每次在启动制砖机前，检查机械的离合器、制动器、钢丝绳等配件保证其良好性；滚筒内不得有异物，保持制砖机液压系统、油路管道及液压站内部清洁。

（5）控制成品砖养护堆砌高度，码砌整齐。

附：《实用岩土工程施工新技术（2023）》自有知识产权情况统计表

章名	节名	类别	名称	编号	备注
第1章 灌注桩施工新技术	1.1 大直径灌注桩硬岩旋挖导向分级扩孔技术	发明专利	大直径灌注桩硬岩旋挖导向分级扩孔施工方法	202210125586.9	实审
		工法	深圳市市级工法	SZSJGF131-2021	深圳建筑业协会
		科技成果鉴定	国内领先水平	粤建学鉴字〔2022〕第110号	广东省土木建筑学会
		论文	《科技和产业》	ISSN 1671-1807，CN11-4671/T	已录用，待刊
	1.2 灌注桩多功能回转钻机接驳安放深长护筒技术	发明专利	一种应用于旋挖钻机的接驳式护筒	202111155012.8	实审
		实用新型专利	一种应用于旋挖钻机的接驳式护筒	ZL 2021 2 2381736.6 证书号第16329332号	国家知识产权局
		科技成果鉴定	国内领先水平	粤建学鉴字〔2022〕第113号	广东省土木建筑学会
		获奖	广东省土木建筑学会科学技术奖三等奖	已公告，待领证书	广东省土木建筑学会
第2章 全套管全回转灌注桩施工新技术	2.1 复杂条件下深长嵌岩桩全回转与RCD组合钻进成桩技术	发明专利	大直径深长嵌岩桩全回转与气举反循环组合钻进施工方法	202111198799.6	实审
		发明专利	气举反循环钻环钻头结构	202111198798.1	实审
		实用新型专利	用于支撑钻机的孔口平台	ZL 2021 2 2494661.2 证书号第16096376号	国家知识产权局
		工法	深圳市市级工法	SZSJGF143-2021	深圳建筑业协会
		科技成果鉴定	国内领先水平	粤建学鉴字〔2022〕第111号	广东省土木建筑学会
		论文	《施工技术》	ISSN 2097-0897，CN10-1768/TU	已录用，待刊
	2.2 岩溶发育区灌注桩全回转成桩综合施工技术	发明专利	一种灌注桩的清孔系统及清孔方法	202010172106.5	实审
		发明专利	岩溶发育区灌注桩成桩方法	202110499080.X	实审
		发明专利	桩孔沉渣气举反循环设备	202110499826.5	实审

章名	节名	类别	名 称	编 号	备 注
第2章 全套管全回转施工灌注桩新技术		实用新型专利	一种灌注桩的清孔系统	ZL 2020 2 0310070.8 证书号第11979545号	国家知识产权局
		实用新型专利	一种用于喀斯特地貌的灌注桩施工的钢筋笼	ZL 2020 2 0830924.5 证书号第13087740号	国家知识产权局
		实用新型专利	一种具有防浮笼功能的钢筋笼	ZL 2020 2 0847524.5 证书号第12616389号	国家知识产权局
		实用新型专利	桩孔底部沉渣的清除设备	ZL 2021 2 0975974.7 证书号第15280578号	国家知识产权局
	2.2岩溶发育区灌注桩全回转施工综合成桩技术	实用新型专利	用于桩孔沉渣气举循环的清渣头	ZL 2021 2 0982297.1 证书号第16097425号	国家知识产权局
		工法	深圳市市级工法《全套管全回转灌注桩套管内气举反循环清孔工法》	SZSJGF064-2020	深圳建筑业协会
		工法	深圳市市级工法《喀斯特无充填溶洞全回转钻进灌注桩钢筋笼双套网综合成桩施工工法》	SZSJGF053-2020	深圳建筑业协会
		工法	广东省省级工法	GDGF330-2021	广东省住房和城乡建设厅
		科技成果鉴定	国内领先水平	粤地学评字[2021]第6号	广东省地质学会
		获奖	广东省地质科学技术奖一等奖	DZXHKJ211-8	广东省地质学会
		论文	《全套管全回转灌注桩套管内气举反循环清孔施工技术》	《施工技术》2021年12月上 第50卷第23期	ISSN 2097-0897 CN 10-1768/TU
		论文	《喀斯特无充填溶洞全回转钻进灌注桩钢筋笼双套网综合成桩施工技术》	《施工技术》2022年4月上 第57卷第7期	ISSN 2097-0897 CN 10-1768/TU
第3章 基坑支护施工新技术	3.1地下管涵基坑逆作法开挖支护与管线保护施工技术	发明专利	地下管涵基坑逆作法开挖支护施工方法	20221020999954.8	实审
		实用新型专利	地下管涵基坑逆作法开挖支护结构	202220471932.4	申请受理中
		工法	深圳市市级工法	SZSJGF135-2021	深圳建筑业协会
		科技成果鉴定	国内先进水平	粤建学鉴字[2022]第122号	广东省土木建筑学会

章名	节名	类别	名称	编号	备注
第3章 基坑支护施工新技术	3.2 填石边坡桩板墙高位锚索栈桥平台双套管钻进成锚技术	实用新型专利	一种装配式剪力内支撑钢栈桥	ZL 2021 2 3253824.4 证书号第 17111897 号	国家知识产权局
		实用新型专利	一种双套管钻孔清孔结构	ZL 2021 2 3256468.1 证书号第 17061319 号	国家知识产权局
		工法	深圳市市级工法	SZSJGF190-2021	深圳建筑业协会
		科技成果鉴定	国内先进水平	粤地学评字[2022]第 3 号	广东省地质学会
第4章 逆作法结构柱定位施工新技术	4.1 逆作法钢管柱后插插法钢套管与千斤顶组合定位技术	发明专利	逆作法钢管结构柱后插法定位施工方法	202111520816.3	实审
		发明专利	逆作法钢管结构柱后插法定位施工结构	202111520810.6	实审
		实用新型专利	千斤顶在钢管结构柱上的安装结构	ZL 2021 2 3135565.5 证书号第 16909480 号	国家知识产权局
		工法	深圳市市级工法	SZSJGF176-2021	深圳市建筑业协会
		科技成果鉴定	国内领先水平	粤建学鉴字[2022]第 118 号	广东省土木建筑学会
		获奖	广东省土木建筑学会科学技术奖三等奖	已公告,待得证书	广东省土木建筑学会
		论文	《科技和产业》	ISSN 1671-1807,CN11-4671/T	已录用,待刊
	4.2 逆作法"旋挖+全回转"钢管柱后插插法定位施工技术	发明专利	逆作法钢管结构桩成挖旋挖钻进与全回转组合后插法定位方法	202110075559.0	实审
		实用新型专利	钢结构柱和超长钢管结构柱桩	ZL 2021 2 0156586.6 证书号第 15276989 号	国家知识产权局
		工法	深圳市市级工法	SZSJGF166-2020	深圳建筑业协会
		科技成果鉴定	国内领先水平	粤建协鉴字[2022]2514 号	广东省建筑业协会
	4.3 基坑钢管结构柱定位环形板后插定位施工技术	发明专利	逆作法基坑钢立柱的安装定位方法及安装结构	202210286935.5	实审
		实用新型专利	基础桩与钢立柱的一体安装结构	ZL 2022 2 0635933.8 证书号第 16899071 号	国家知识产权局
		工法	深圳市市级工法	已公告,待领证书	深圳建筑业协会

章名	节名	类别	名称	编号	备注
第5章 软土地基处理施工新技术	5.1 填石层潜孔锤与旋喷一体化成桩地基处理技术	发明专利	深厚填石层潜孔锤引孔与旋喷钻喷一体化成桩施工方法	202210289757.1	实审
		发明专利	深厚填石层潜孔锤引孔与旋喷钻喷一体化成桩设备	202210290810.X	实审
		实用新型专利	潜孔锤引孔以及旋喷一体钻进结构	202220650821.5	申请受理中
		工法	深圳市市级工法	SZSJGF181-2021	深圳市建筑业协会
		科技成果鉴定	国内领先水平	粤地学评字〔2022〕第4号	广东省地质学会
		论文	《工程技术》	ISSN 1671-5519,CN50-9203/TB	已录用,待刊
	5.2 树根桩顶驱管钻进劈裂注浆成桩施工技术	发明专利	一种树根桩顶驱管钻进劈裂注浆成桩的施工方法	20211505165.0	实审
		实用新型专利	一种树根桩高压注浆管钻孔口中心点控制环架	ZL 2021 2 3103464.X 证书号第1672340号	国家知识产权局
		科技成果鉴定	国内领先水平	粤建协鉴字〔2022〕513号	广东省建筑业协会
		论文	《中国建筑学会地基基础学术大会（2022论文集》	2022年10月，北京	中国建筑科学研究院有限公司地基基础研究所等主办
	5.3 树根桩高压注浆钢管螺栓装配式封孔技术	实用新型专利	一种树根桩高压注浆钢管螺栓装配式封孔器	202122834697.0	申请受理中
第6章 灌注桩孔内事故处理新技术	6.1 旋挖桩孔内掉钻螺杆机械手打捞施工技术	工法	深圳市市级工法	SZSJGF197-2021	深圳市建筑业协会
		科技成果鉴定	国内先进水平	粤建协鉴字〔2022〕519号	广东省建筑业协会
	6.2 既有缺陷灌注桩水磨钻"桩中桩"处理施工技术	发明专利	缺陷灌注桩维修处理方法	202111544747.X	实审
		发明专利	基于缺陷灌注桩施工形成的桩中桩结构	202111543186.1	实审
		发明专利	缺陷灌注桩桩中部凿除方法	202111543172.X	初审
		发明专利	缺陷灌注桩桩中孔新钢筋笼绑扎方法	202111543171.5	实审
		实用新型专利	用于破除缺陷灌注桩桩芯的施工结构	ZL 2021 2 3178023.6 证书号第16904683号	国家知识产权局
		实用新型专利	缺陷灌注桩中部凿除护壁结构	ZL 2021 2 3172515.4 证书号第1691867号	国家知识产权局

章名	节名	类别	名称	编号	备注
第6章 灌注桩桩孔内事故处理新技术	6.2 既有缺陷灌注桩水磨钻"桩中桩"处理施工技术	实用新型专利	基于缺陷灌注桩钻孔施工的水磨钻固定结构	ZL 2021 2 3177505.X 证书号第16926506号	国家知识产权局
		工法	深圳市市级工法	已公告,待领证书	深圳建筑业协会
		科技成果鉴定	国内先进水平	粤建学鉴字[2022]第119号	广东省土木建筑学会
		论文	《第十二届深基础工程发展论坛论文集》	2022年8月,昆明	中国建筑业协会深基础与地下空间工程分会等联合主办
第7章 灌注桩检测新技术	7.1 灌注桩竖向抗拔静载试验反力钢盘快速连接技术	实用新型专利	一种混凝土灌注桩竖向抗拔静载试验装置	20212266405.7	申请受理中
		科技成果鉴定	国内领先水平	粤建学鉴字[2022]第112号	广东省土木建筑学会
		论文	《工程质量》	已录用,待刊	ISSN 1671-3702 CN11-3864/TB
第8章 绿色施工新技术	8.1 旋挖钻进出渣降噪绿色施工技术	发明专利	旋挖钻斗顶推式出渣降噪施工方法	202111406292.5	实审
		发明专利	旋挖钻斗顶推式出渣降噪结构	202111407725.9	实审
		实用新型专利	便于钻进出渣的施工结构	ZL 2018 2 1006438.0 证书号第9528773号	国家知识产权局
		工法	深圳市市级工法《旋挖钻筒三角锥出渣减噪施工工法》	SZSJGF092-2021	深圳建筑业协会
		工法	深圳市市级工法《旋挖钻斗顶推式出渣降噪施工工法》	SZSJGF198-2021	深圳建筑业协会
		工法	广东省省级工法	GDGF328-2021	广东省住房和城乡建设厅
		鉴定	国内领先水平	粤建协鉴字[2021]422号	广东省建筑业协会
		获奖	广东省建筑业协会科学技术进步奖三等奖	2021-J3-102	广东省建筑业协会
		论文	《旋挖钻筒三角锥辅助出渣降噪绿色施工技术》	《建筑实践》2021年第40卷第19期(上)	ISSN:2096-6458 CN:10-1584/TU
	8.2 基坑土洗滤、压榨、制砖综合利用绿色施工技术	发明专利	一种基坑土开挖砂质土洗涤净化分离系统及方法	202010196533.7	实审
		发明专利	一种基坑土一站式处理残留泥浆的自动固化制砖施工方法	202010286734.6	实审
		发明专利	基于基坑土洗滤压榨残留泥渣的自动固化制砖施工方法	202110624557.2	实审
		发明专利	基于基坑土洗滤压榨残留泥渣的自动固化制砖生产线设备	202110624353.9	实审
		发明专利	基于基坑土混合料的台模压振压制砖设备	202110624562.3	实审

章名	节名	类别	名称	编号	备注
第8章 绿色施工新技术	8.2 基坑土洗滤、压榨、制砖综合利用绿色施工技术	实用新型专利	一种基坑开挖砂质土洗滤净化分离系统	ZL 2020 2 0357171.0 证书号第 1198336 号	国家知识产权局
		实用新型专利	一种基坑土一站式处理系统	ZL 2020 2 0540609.9 证书号第 12359426 号	国家知识产权局
		实用新型专利	基于基坑土混合料的自动固化制砖设备	ZL 2021 2 1244348.7 证书号第 15280418 号	国家知识产权局
		实用新型专利	基于基坑土洗滤压榨残留泥渣的台模振压制砖设备	202121250725.8	申请受理中
		工法	深圳市市级工法《砂质土模块化制砂施工工法》	SZSJGF171-2020	深圳建筑业协会
		工法	深圳市市级工法《基坑土洗滤、泥浆压榨一站式固液分离无害化施工工法》	SZSJGF146-2020	深圳建筑业协会
		工法	深圳市市级工法《基坑土洗滤压榨后残留废渣模块化自动固化制砖施工工法》	SZSJGF046-2021	深圳建筑业协会
		工法	深圳市市级工法《基坑土洗滤、压榨、制砖综合利用绿色施工工法》	SZSJGF156-2021	深圳建筑业协会
		工法	广东省省级工法《砂质土模块化处理制砂施工工法》	GDGF321-2020	广东省住房和城乡建设厅
		工法	广东省省级工法《基坑土洗滤、泥浆压榨一站式固液分离无害化施工工法》	GDGF330-2020	广东省住房和城乡建设厅
		科技成果鉴定	国内领先水平	粤地学评字[2022]第5号	广东省地质学会
		获奖	广东省土木建筑学会科学技术奖二等奖《砂质土模块化处理制砂技术》	2021-2-X124-D01	广东省土木建筑学会
		获奖	广东省土木建筑学会科学技术奖二等奖《基坑土洗滤、泥浆压榨一站式固液分离无害化施工技术》	2021-2-X62-D01	广东省土木建筑学会
		获奖	广东省建筑业协会科学技术进步奖二等奖《基坑砂质土洗滤、泥浆压榨一站式固液分离及模块化制砂综合施工技术》	2020-J2-018	广东省建筑业协会
		论文	《基坑开挖砂质土洗滤净化分离施工技术》	《施工技术》2020年6月 第49卷 增刊	ISSN 1002-8498 CN 11-2831/TU
		论文	《基坑土洗滤、泥浆压榨一站式固液分离无害化施工技术》	《建筑细部》2021年第24期 8月（下）	ISSN 1672-4518 CN21-1488/TU
		论文	《基坑土洗滤压榨后残留废渣模块化自动固化台模振压制砖施工技术》	《工程技术》	已录用,待刊